U0142685

五南出版

圖解系列

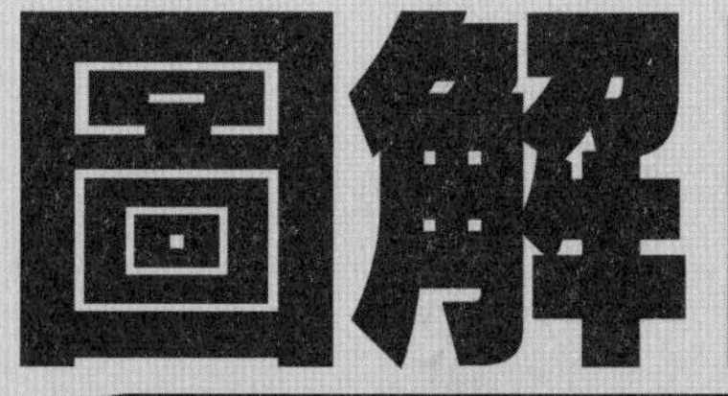

三大特色

- 一單元一概念，迅速理解能源工程與環境保護相關理論
- 內容完整，架構清晰，為了解能源與環境的全方位工具書
- 圖文並茂．容易理解．快速吸收

圖解 能源與環境

吳志勇
楊授印 /編著

閱讀文字 → 觀看圖表 → 理解內容

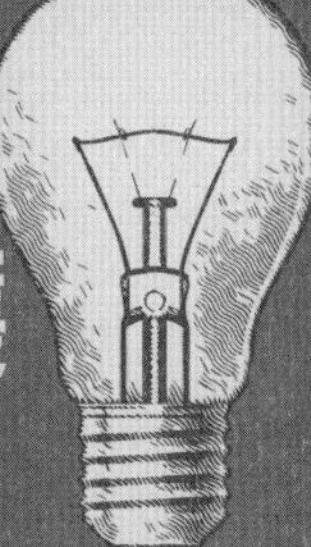

圖解讓
能源工程
與環境保護
更簡單

五南圖書出版公司印行

自序

人類的文明與能源是息息相關的，遠從石器時代以來，無論是使用火來煮食與照明，或者是依靠人力與獸力來進行運輸，這些活動均與能源的概念有關。工業革命之後，人類大量使用煤炭來驅動各種蒸汽機，接著石油的出現以及核子能的應用，使得20世紀成為人類歷史中文明發展斜率最大的一個階段。直到今天，化石燃料與核能仍然在人類生活中占有相當高的比重，這些能源的形式也帶來許多的污染與環境衝擊。為了使二氧化碳排放減量，生質能源、太陽能、地熱、潮汐、洋流與風力等潔淨能源逐漸重要，世界各國也紛紛投入相關的研究開發。

人類的文明與能源是一體兩面的事物，而環境的影響更是與能源的使用環環相扣，本書編撰的用意是在於將能源與環境污染的基本知識，進行廣泛且統整性地介紹，並以永續的概念充實讀者對於能源工程與環境保護的基本素養。本書內容適用於各大專院校之能源概論、環境污染概論等相關課程教材，也可作為高中職進階課程的參考用書。

吳志勇

2015年11月18日

推薦序

能源是牽引著人類文明非常重要的原動力，沒有能源就沒有科技發展可言，在人類能源應用的過程中總是會對環境造成影響或是傷害，因此能夠有一本綜合能源與環境相關知識概論的書籍對於年輕一代的教育來說至為重要。吳志勇教授與楊授印教授是我們研究團隊中的重要成員，也是未來國內能源與燃料科學的重要年輕學者，他們致力於熱流與能源工業基礎技術研究領域；本人過去是航太工業背景，曾經擔任國內航空發動機總工程師，目前擔任國家型能源計畫替代能源主軸計畫主持人兼召集人，在過去經歷中深知國內基礎工業深耕之不易，尤其是能源科技、環境污染、燃燒與燃料科學相關領域更是台灣科學發展非常重要的一環。在此當下，能夠有一本在未來可以教育下一代年輕人的書籍，是令人振奮且鼓舞的事情，也述說著科技的研發以及實務與教育連結的重要使命。

高苑科技大學

講座教授兼機電學院院長

張學斌

2015年11月23日

CONTENTS 目錄

人類與環境

章節體系架構

本章重點

1. 認知我們與地球上所有生物所存在的生物圈，及生物圈所包含之範圍。
2. 認知我們所居住的環境，以及人類與環境之間的依存關係。
3. 認知我們生命重要的四大因子，包含陽光、水、空氣以及食物的重要性。

UNIT 1-1 環境

人類的生存環境主要與大自然界的生物圈息息相關，藉由本章可以讓讀者理解，我們每個人都是這一個生物圈系統的一個小分子。

人類的生存依賴四大重要因子：陽光、水、空氣以及食物，這四大因子互相連結缺一不可，而且依循著自然的規律演化。更要提醒讀者認知到人類無法置身於環境之外，在文明發展之時更要注意到周邊環境的保護，因為人類是完全與環境相依存，當環境以及整個生物圈系統受到文明傷害時，人類也會嚐到苦果，透過本章內容可以建立讀者對於我們周邊環境的基本認知與常識。

生物圈的範圍

所謂**生物圈**（biosphere），係指所有生態系統的總合，也就是地球上含有生命的區域，以及所有生態系統與岩石圈、水圈，以及大氣層交互作用的所有機制都是生命圈的範圍。在地球上岩石圈、水圈，以及大氣層是互相連接的，此種情景可以在海邊的景色中一見端倪；而生態系統則是橫跨前面所講的岩石圈、水圈，與大氣層的一部分。生物圈的分佈相當寬廣，保守估計可以從海平面算起，上下 10 公里均可說是生物圈的範圍，在這範圍內可以找到生物的蹤跡，就算是深海極高壓的惡劣環境中也可找到生命的存在，例如有名的馬里亞納海溝，其深度可達10.911公里（日本於1995年探測），在這種環境中也可發現蝦子類的生物。

原生環境與建成環境

1. 原生環境

在地球上，將人為因素排除在外的環境可以稱之為原生環境或自然環境。在原生環境中，一草一木幾乎可不受人類活動所影響，例如：人煙罕至的原始森林、高原荒漠、極地凍原以及海洋中心無航線穿越區域等；在原生環境中，所有的生物與環境均依照原有的過程發生變化，隨著人類不斷擴展生活的範圍，使得地球上完全不受干擾的原生環境越來越少。如瑞士阿爾卑斯山的Bachalpsee湖，自然景觀引人入勝，是個著名的風景區，很好的環境保護，而使得人為破壞的因素降至最低，可以說是相當接近原生環境的狀態。

2. 建成環境

為了人類活動而所建立的大都會則稱之為建成環境，在建成環境中，所有的設施均是為了人類生活方便而設立，例如：高樓大廈、工業區等，人們為了增加居住環境品質，也會使用人工的方式建立起綠色環境而達到景觀設計的效果，使得建成環境與自然環境少了一些隔閡，如右圖中高苑校園，就是很典型的人工綠化環境暨景觀設計。

生物圈的範圍

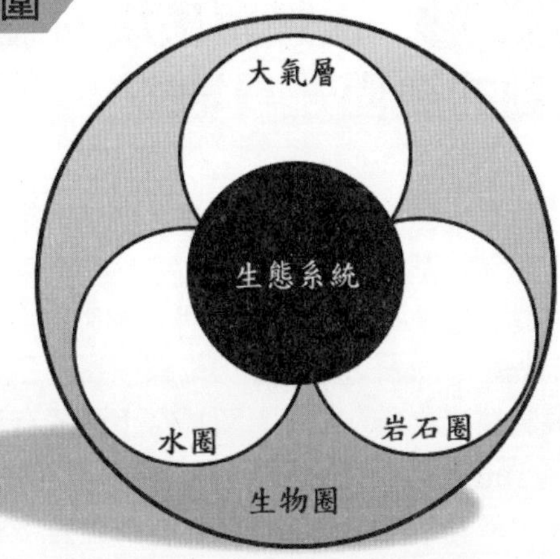

地球上岩石圈、水圈，以及大氣層的互相連接

原生環境樣貌——瑞士阿爾卑斯山的Bachalpsee湖

（圖片擁有者：Zach T）

建成環境——高苑校園綠化

（圖片擁有者：鄭凱中）

UNIT 1-2 人類與環境的關係（一）：人類活動的表面——地殼

生物圈的範圍涵蓋大氣層、水圈與岩石圈，但是人類的生存區域依附在岩石圈，也就是岩石圈的最外層：地殼的表面；人類正常維持生存所需要的水與各種食物都被限制在生物圈內。地殼的厚度大約可達100公里，然而與地球的半徑相比較，其結構既薄且堅硬。地殼並非像蛋殼一樣是一個完整的殼體。

依照板塊構造論，整個岩石圈是由一個個的板塊所構成，而每個板塊的連接處均會發生地殼板塊擠壓的現象，不是地殼沒入，就是地殼因擠壓而隆起。

在板塊連接處時常發生地震與火山活動，例如：台灣就位於整個環太平洋火環之中，在火環地區內，時常發生地震與火山活動等現象。

人類生活在地殼上，並且取用各種環境中的資源賴以生存，不僅如此，人類也在環境中與其他生命有機體進行各種直接或間接的交互作用，在人體中，以氧的重量百分比為最高，主要是因為人體中含有約 70% 的水，其次是碳、氫、氮、鈣與磷等元素。人類是有生命的有機體，由氧、碳、氫與氮構成蛋白質形成人體主要成分，在有機物質中亦含有磷、硫以及鹵素等化合物。

為了構成人體中的維生化學反應，人體中亦含有許多微量元素。前述的許多元素也是地殼中常見的元素，顯見人類身體的成分與環境中所存在的元素一樣，只是成分比例有所不同；在地殼中含量最多前三種元素分別為氧、矽，鋁。

人類生存的要素計：陽光、水、空氣以及食物，陽光是地球上水循環、空氣循環以及食物生長最重要的推動者，而這一切均是在我們的生存環境中存在並且依照自然的原理產生交互作用。

人體成分元素比例表

氧	碳 	氫 	氮 	鈣 	磷 	硫 	鉀 
65%	18%	10%	3%	1.4%	1.1%	0.25%	0.25%
鈉	氯 	鎂	鐵	氟 	鋅	矽 	其他 
0.15%	0.15%	0.05%	0.006%	0.004%	0.003%	0.002%	0.700%

地球內部結構示意圖

地殼 0-100 km
岩石圈（包含地殼以及地幔上層固態層）
軟流圈
地幔
地殼
地幔
2900 km
液態
地核
外地核
5100 km
內地核
固態
6378 km
※非比例繪製

（圖片擁有者：Anasofiapaixao）

太平洋火環帶示意圖

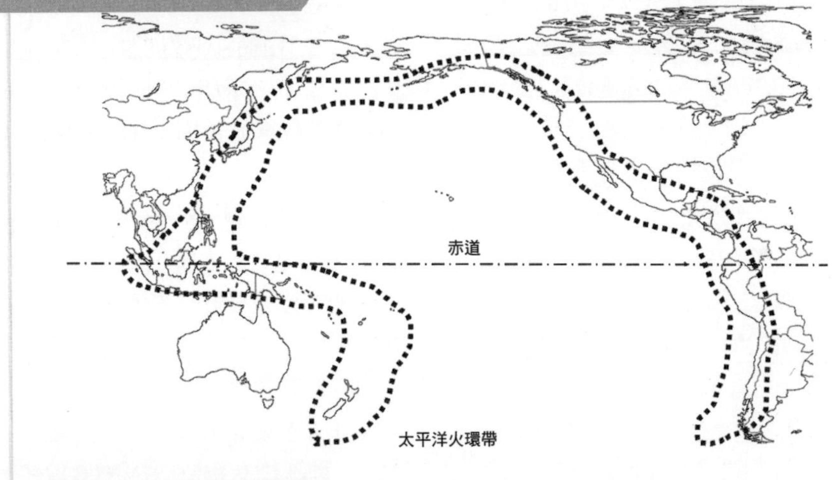

人體成分元素比例圖

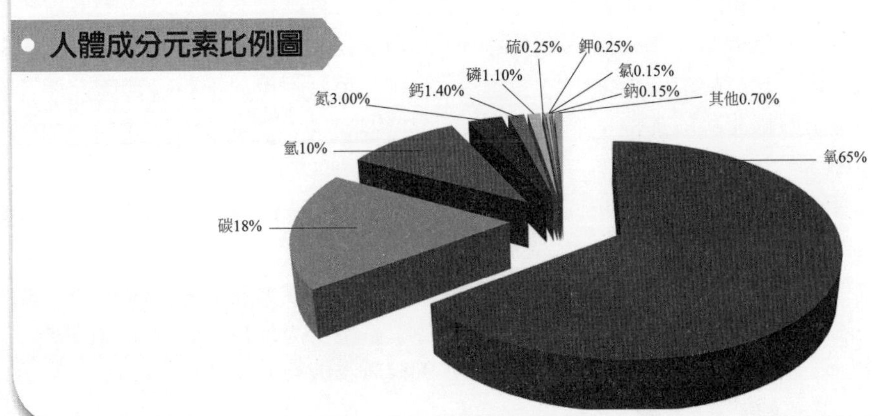

UNIT 1-3 人類與環境的關係（二）：太陽

太陽位居太陽系的中心，是一個不斷進行核融合反應的星體，太陽到地球的平均距離大約 149,597,870.7 公里，也稱之為一個天文單位（A.U.）。

依質量百分率而言，整個太陽的質量中有 73.46% 為氫、 24.85% 為氦，其他為氧、碳、鐵等元素。太陽內部不斷發生核融合反應，根據 NASA 的數據（Williams, 2013）指出，太陽表面能量發散量為 63.29 × 10^3 kW/m^2，而地球所在位置所能接收之能量為 1.361 kW/m^2（Kopp and Lean, 2011），當太陽光穿越大氣層時，許多的能量被大氣層所吸收，當能量到達地表時，其能量密度大約只剩下 1 kW/m^2（El-Sharkawi, 2005）。若進入地球大氣層的能量以 100% 來計，其中 51% 會被地表與海洋吸收，其他部分則分別會被地表、大氣以及雲層直接反射入太空；地表及海洋吸收太陽能量後又會以水蒸發或熱傳導將熱能傳回大氣。當夜幕降臨時，雲與大氣均會將熱能輻射回太空中，這種現象稱之為地表輻射冷卻，理論上，地球地表與大氣均會透過吸收與輻射達到熱平衡，使地球的溫度不至於產生變化。

太陽對於人類生存而言至為重要，地球上的大氣循環與各種風、水循環、天氣冷暖變化、晝夜以及四季交替都是來自於太陽作用的結果，另外一方面，陽光更是孕育食物鏈中的生產者進行光合作用時重要的能量來源，缺少陽光就無法進行光合作用，整體食物鏈將崩潰。

除此之外，陽光對於人類的生命也相當重要，因為陽光可以有效的使人體自身合成維生素 D。部分在緯度較高國家的人們在冬季，會引發**季節性情緒失調**（Seasonal Affective Disorder, SAD），醫學界認為這種情況與缺少陽光照射有關係（Friedman, 2007）。

太陽的重要性及所扮演的角色深深地烙印在各個文明之中，世界上許多國家的神話均有提到太陽的傳說，直到今日，太陽仍然是許多國家文明的代表象徵，世界上包含我國在內共計 15 個國家在國旗上有太陽的圖騰。

小博士解說

季節性失調（SAD）

季節性失調通常發生於秋季末和冬季，也就是當白天越來越短，黑夜越來越長的季節（即晝短夜長），故亦稱作「冬季憂鬱」（Winter Blues）。在春季，隨著日照時間的增加，此症狀得到一定的緩解及改善。

• 太陽能量與地球大氣之吸收反射示意圖

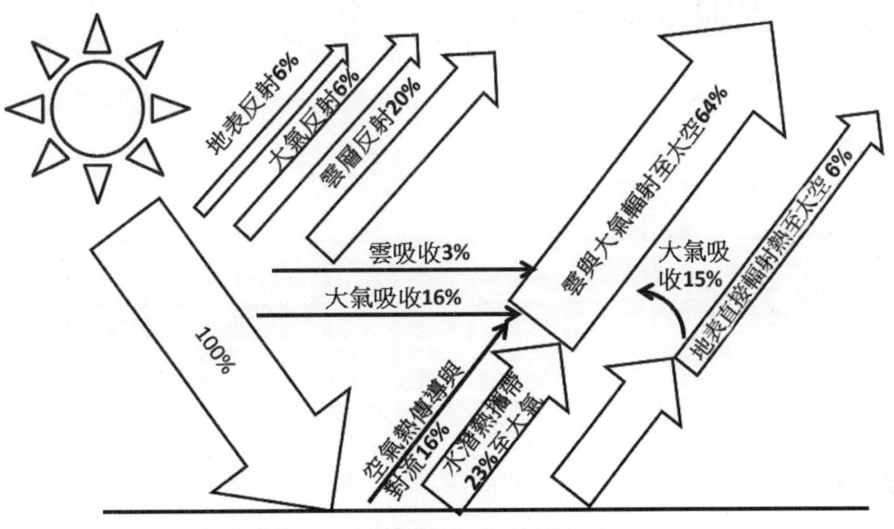

• 太陽的組成元素（依質量）

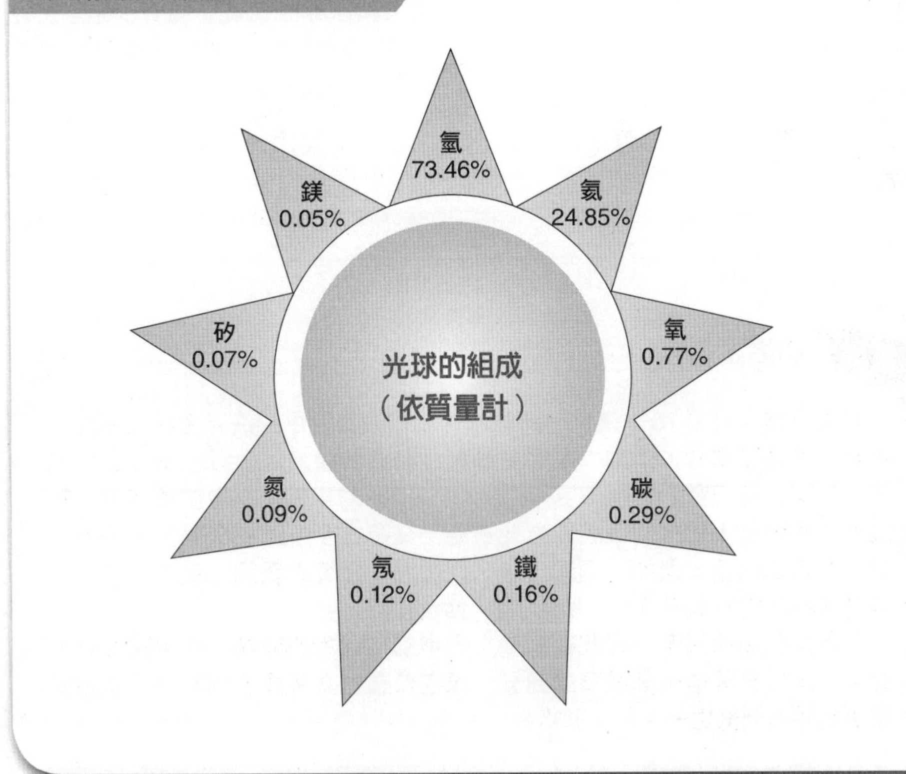

UNIT 1-4 人類與環境的關係（三）：水與水循環

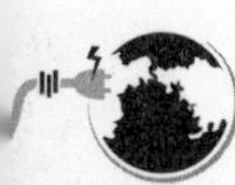

水是地表上最豐富的化合物，它是由兩個氫原子與一個氧原子結合而成，在地球的環境中可以以氣態、液態以及固態存在，水的相變化主導著地球上的大氣氣象，並扮演著溫室效應及穩定溫度的重要角色，不僅如此，水的存在更影響到碳循環的路徑。

水循環

是指水由地球不同的地方透過吸收太陽以來的能量轉變成存在的模式到地球中的另一些地方，例如以海水為原點，當海水吸收來自於太陽的能量後即蒸發到大氣中；當水蒸氣在高空中遇冷時會開始凝結變成雲；當雲累積夠厚並且搭配強烈對流時則有機會開始降水；當降水或者降雪融化後便會透過泥土滲透到地底下或者是透過植物而蒸散到大氣中，多餘的水則會開始形成溪流或河流，並且形成各種水文；在地表的溪流會匯集成大河而流入海中，而在地底下也會有地下水流產生；當水透過各種管道回到大海時則完成整個水循環的迴圈。

水循環的穩定性很容易受到大氣平均溫度的變化而影響，近年來由於大氣平均溫度上升，使得各地的天氣氣候異常，經常性的暴雨以及乾旱已經開始危害到人們的生存環境。

小博士解說

人類的身體中約有 70% 是水，這些水在我們的身體中扮演著生物化學反應過程中的重要媒介，例如：輸送各種養分與氧的血液以及我們消化道中的消化作用，每天我們都應該要攝取約 2~3 公升的水來維持身體機能的正常運作。水更是人類文明發展的重要資源，綜觀古今中外的文明發源地都是來自於河流附近，例如：兩河流域、尼羅河、恆河與黃河、長江流域，主要是因為固定的水資源可供早期人類發展農業。

由於水是生命的起源，因此在各種文化中都有對水的崇拜，在中國五行學說中，水就是其中一個重要的元素，而在希臘古文明或是佛教中，水也是重要的基本元素之一。

水在地球大氣層與岩石圈中所進行的水循環

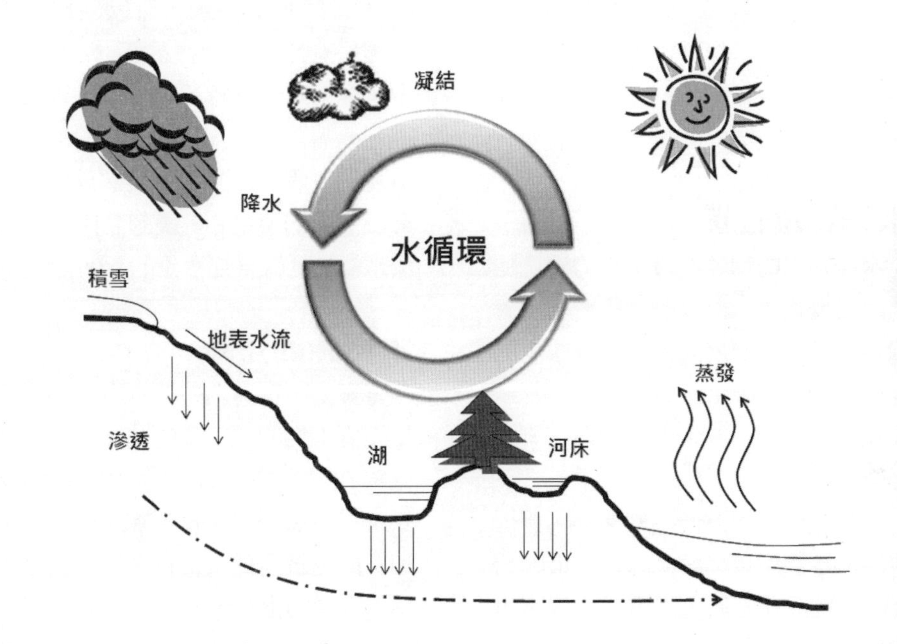

水的密度特性使水下生物可以在冬季生存

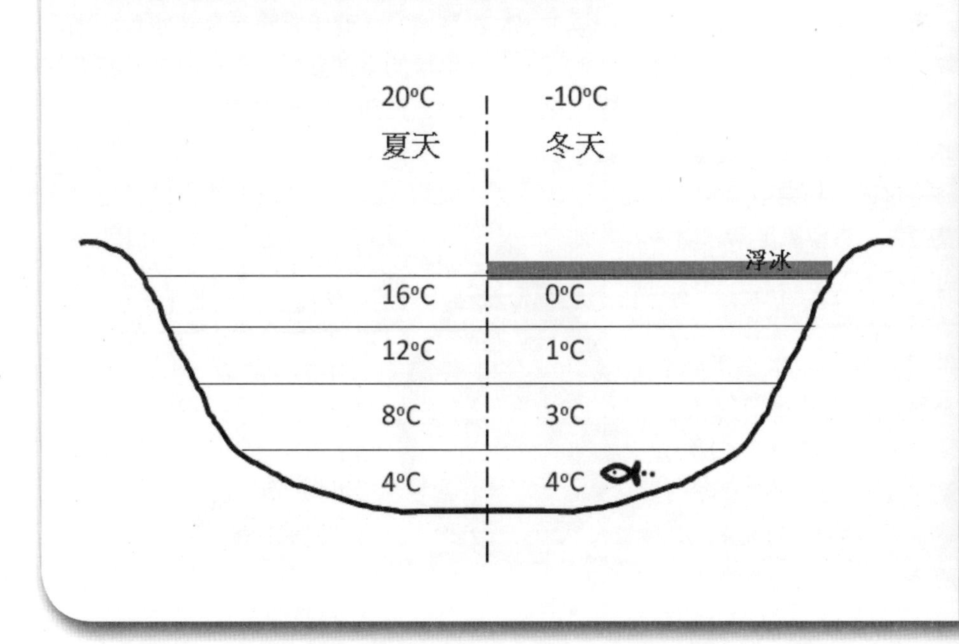

地球是人類已知的行星中，液態水含量最大的星球，也因為液態水的存在及其特殊物理性質，而使得地球有得天獨厚的環境可以孕育生命。

水的物理性質

水最特殊的物理性質是它的密度隨溫度而變化，大部分的物質密度均會隨著溫度下降而變大，但是液態水的密度最大值是發生在 4ºC 左右，當水溫低於 4ºC 時，其密度會隨溫度下降而變大。

在夏天時，因熱傳導的關係，接近表層的水溫度會比較高，密度最大的 4ºC 水會沉在湖底，隨著深度變淺，水的溫度會越來越高；當冬天降臨而氣溫低於 0ºC 時，由於 4ºC 水的密度最大，所以依然是留存在湖底，隨著深度變淺，溫度越來越低。

通常，冰的密度比水還低，所以冰會浮在水面上，生物便可在結冰的湖底下存活。倘若水沒有此種特性，0ºC 的水會因密度大而沉到水底，屆時將會從湖底開始結冰。如此一來，整個湖泊將會完全結冰而失去生命可以存活的空間。

以人類基本用途來說，水是日常飲用、衛生清洗以及調理食物的重要物質，除此之外，農業、航運以及工業均缺少不了水。雖然在地表約有 71% 被水所覆蓋，但是地球上有 96.5% 的水是海水，可以飲用的淡水卻只有2.5%，而在這 2.5% 的淡水中，幾乎有 98.8% 是以冰川積雪以及地下水而存在，真正在湖泊與河流中方便於我們使用的地表淡水只佔了所有淡水中的 0.3% ，換句話說，這些淡水僅佔地表全部水量的 0.0075% 。

水資源的短缺

事實上，世界上的淡水資源的分佈是相當不均的，主要的缺水區域大多分佈在非洲與亞洲，因此聯合國在 2005 年起即推動水資源行動計畫，期許能夠讓全球人口逐漸擁有公平使用水資源的權利。

很顯然的，水資源的短缺已經成為 21 世紀許多社會和世界面臨的主要問題之一。水資源的使用量從上個世紀開始，一直以人口增長率兩倍的速度增長，儘管還沒有全球水資源困乏這樣的事情發生，但是有越來越多的地區長期受缺水困擾。

水資源短缺已經影響到了各大洲。大約 12 億人（幾乎是世界五分之一的人口），生活在水資源自然缺乏的區域，還有 5 億人正即將面臨這種狀況。另外還有16 億人，幾乎佔了世界人口的四分之一，面臨著與經濟有關的水資源缺乏。〔**資料來源：**國際行動十年——生命之水（2005-2015）〕。

世界水資源比例分佈狀況

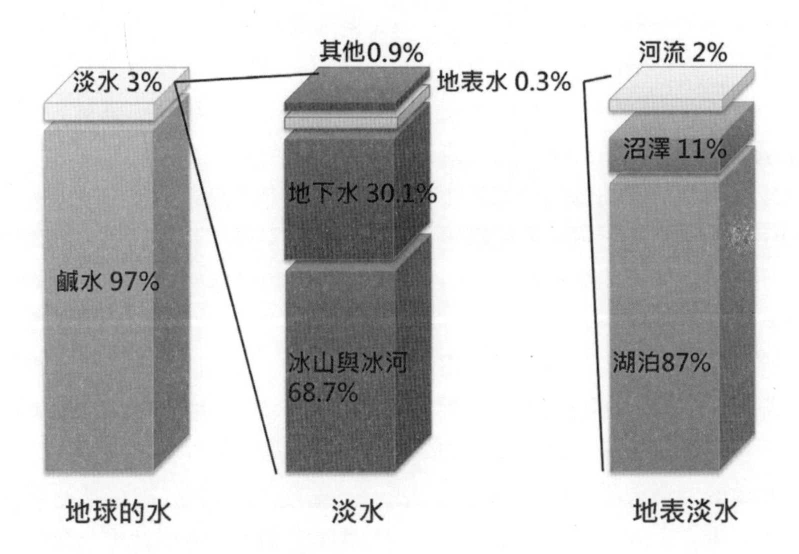

台灣用水比例圖（%）

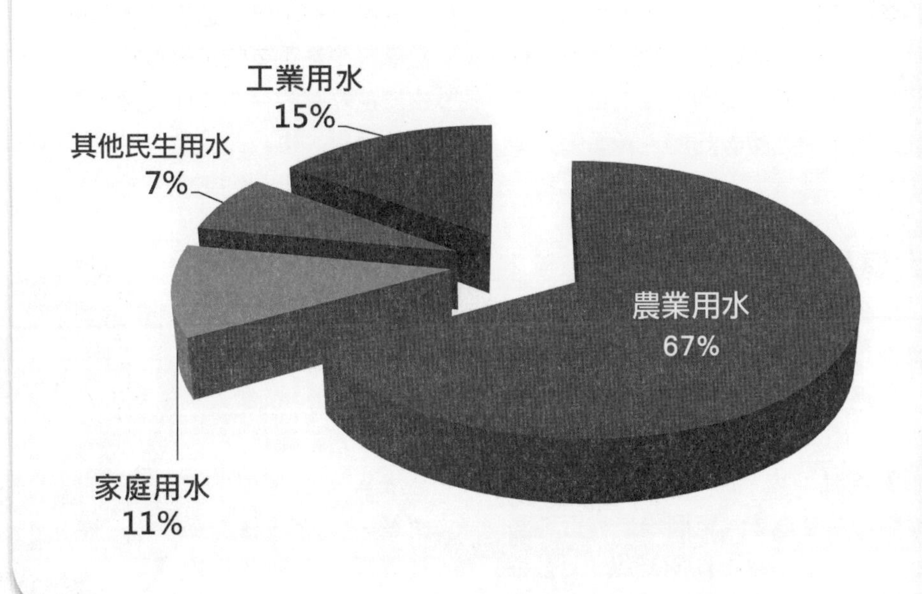

UNIT 1-5 人類與環境的關係（四）：空氣

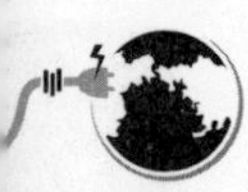

大氣層（atmosphere）是指在星球上因為重力的關係所吸引，而覆蓋在星球表面上的混合氣體。地球大氣層的主要成分為氮（78.08%）、氧（20.95%）、氬（0.93%）、二氧化碳（0.039%）、水氣（依天氣與環境而異）和比例相當少的微量氣體，這些混合氣體可以統稱為空氣。

空氣因為重力的關係而有重量，這些重量施加在表面上會產生壓力。壓力是作用在與物體表面垂直方向上的每單位面積的力量大小，由於壓力是作用在表面垂直方向上，所以當我們站在海平面高度時，我們身體的肌膚表面所受的壓力相同。

平均來說，一大氣壓定義為海平面的大氣壓力P，其值大約為 1.013×10^5 帕（Pa），而帕指的是每平方公尺1牛頓力量。當高度不一樣時，物體表面所受的大氣重量也會隨之改變，因此隨著高度上升而壓力變小。

大氣層垂直結構

根據大氣溫度垂直分佈和運動特徵來進行定義，地球大氣層的垂直架構（自地面向上）可以分成對流層、平流層、中氣層、電離層及外氣層。

1. 對流層

對流層是地球大氣層中最靠近地面的一層，大約是從海平面以上 12 公里高度之內。對流層顧名思義，就是對流最旺盛的區域，也就是地球大氣層中天氣變化最複雜的一層，所有天氣變化都出現在這一層。

2. 平流層

介於中氣層與對流層中間，在這一層氣流平穩，甚少有上下對流的氣流運動，長途客機的飛行高度均座落在此一高度上。在平流層頂部含有較大量臭氧，因此能吸收大量有害的紫外線，此一區域也被稱之為臭氧層。

3. 中氣層

又叫「中間層」，介於平流層與熱氣層中間，中氣層氣流活動較旺盛，除此之外，地球每天受到無數的流星侵入，大部分的流星會在中氣層就燃燒消失殆盡。

4. 電離層

高度再往上升就進入到熱氣層，在熱氣層中最重要的是電離層的存在，由於電離層的存在，而使無線電波可以被反射，也因此人類可以使用無線電波進行通訊。

5. 外氣層

在垂直架構中的最外層是外氣層，在外氣層中，空氣相當稀薄，外氣層的外界線相當難以界定。人類所發射的衛星、太空站等太空飛行器均是在此高度運行。

地球大氣層的垂直架構

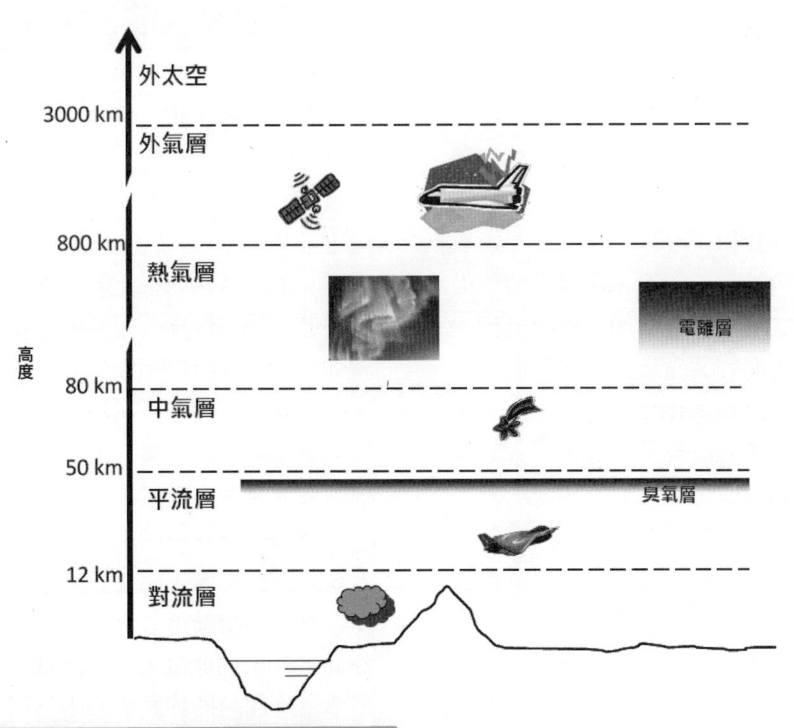

大氣層的高度與溫度的分布變化

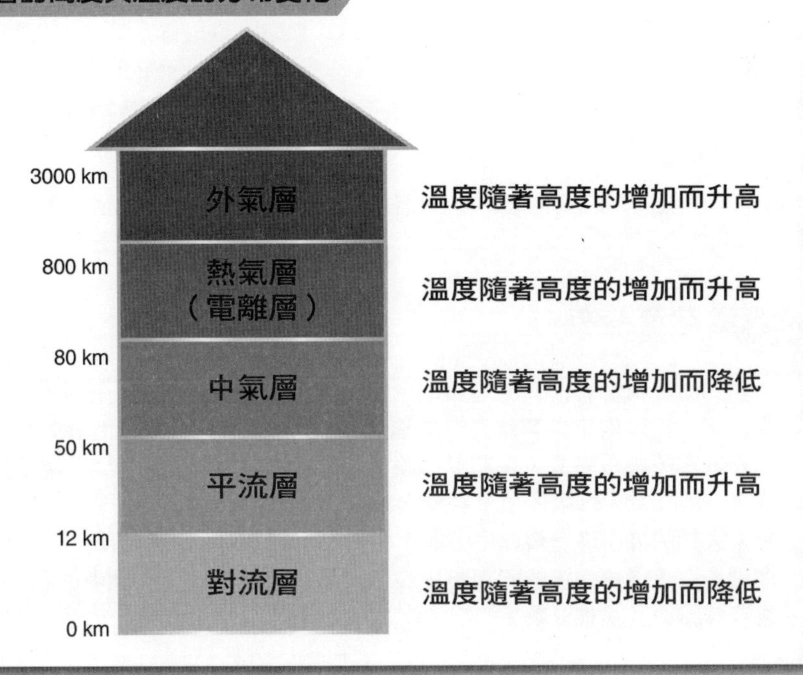

呼吸作用

新鮮空氣是人類與一切生物賴以生存的重要環境因素，以人類來說，人類的呼吸可以分成兩個作用：外呼吸作用以及內呼吸作用。

1. 外呼吸作用

所謂的外呼吸作用，係指微血管與肺泡間的空氣擴散交換，使血紅素缺氧血變成血紅素充氧血，這一個過程又可以稱之為肺呼吸。在此作用下，氧進入肺部微血管，而二氧化碳則送至肺泡而呼出肺。

2. 內呼吸作用

係指在人體組織微血管與組織細胞之間，氧氣與二氧化碳的交換。當血液進入身體時，各組織內的細胞與微血管間的氣體擴散交換，使血紅素充氧血變成血紅素缺氧血，這一個過程又稱之為組織呼吸。在此作用下，氧進入組織細胞供細胞使用，而二氧化碳則進入血液中運行，以便回到肺部進行氣體交換。

肺是交換氣體的重要器官，在此器官中必須具備大接觸面積。在肺泡中，其表膜既薄且潮濕，適合氣體擴散之用。一般來說，健康成年人安靜時每分鐘約 16 至 18 次，而小孩子每分鐘約 20 至 30 次。當人類處在空氣不正常成分的狀況下會發生窒息狀況；當空氣中含氧量下降且沒有存在毒性氣體時，一旦氧氣濃度低於 17%，人體即開始產生不適，嚴重時會發生死亡不幸。另一方面，當環境中的壓力變低時，不僅使我們的呼吸效率變差，嚴重時也會發生缺氧症狀。倘若窒息的因素是來自於身體本身血紅素失常，較常見的是一氧化碳中毒，人體因吸入含有一氧化碳的空氣，一氧化碳與血紅素的結合力遠遠勝過氧氣與血紅素的結合力，導致血紅球中血紅素變成**一氧化碳血紅素**（carboxyhemoglobin）無法運送氧氣至全身細胞而產生細胞窒息的現象，基本上，當血液中之一氧化碳血紅素達到飽和狀態之 10% 時，即會感到不適，達到 80% 時即會死亡。

小博士解說

人類的血液中含有大量的紅血球，紅血球中的血紅蛋白是一種含有血紅素的蛋白質，可以用來攜帶氧氣與二氧化碳，而血紅素則是由血質鐵 (Heme) 蛋白質單體所組合而成，是非常複雜的分子結構。鐵是血紅素中重要的金屬元素，一般正常人體內的血液約含有 3~5 克的鐵，量大約如一支 5 公分的小鐵釘。人類的紅血球呈現扁平卵狀，中間略有凹陷，其尺寸約為 6~8 微米。紅血球是在骨隨中的造血幹細胞中產生，壽命大約 120 天，衰老的紅血球最後會在脾臟與肝臟被分解。

血管與肺泡之氣體交換

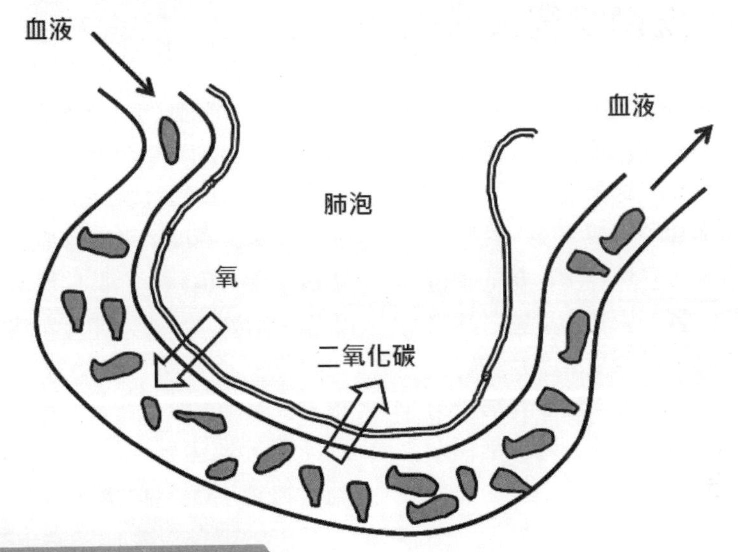

氧氣濃度與人體症狀表

氧氣濃度	症狀
21%	人類於此氧氣濃度下可正常活動
14%-17%	肌肉功能減退，發生缺氧症現象
10%-14%	人體仍有意識，但是會出現判斷錯亂的狀況，且本身無法警覺
<10%	呼吸停止，將在 6-8 分鐘內發生窒息死亡

電子顯微鏡下的紅血球

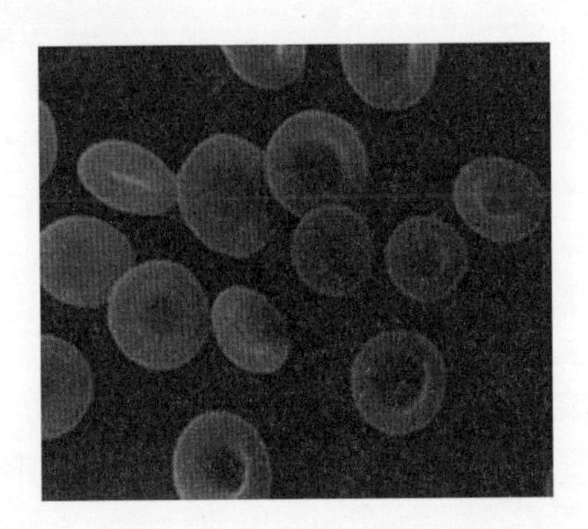

UNIT 1-6 人類與環境的關係（五）：食物鏈與人類營養

人類除了陽光、水與空氣之外，也需要透過環境孕育各種食物來滋養我們的生命。儘管人類食物中有許多動植物大多由人類培育或豢養，然而這些食物依然是大自然界中存在的動植物，所以無法置身於食物鏈的討論之外。如右上圖所示為生態金字塔之示意圖，由於在生態金字塔中各層級的關係牽涉到能量的傳遞，因此又稱之為能量金字塔。

1. 在金字塔的底端為「生產者」，生產者大多為植物，植物吸收太陽的能量、水，以及養分來進行光合作用而形成植物本體，並且儲存從太陽所吸收的能量。
2. 在金字塔的第二層為「一級消費者」，一級消費者為食草動物，食草動物透過取食植物而獲取能量。
3. 在金字塔的第三層為「二級消費者」，二級消費者為食肉動物，食肉動物透過取食一級消費者的身體來取得能量。
4. 在金字塔的第四層為「三級消費者」，以此類推。

各層次之間的能量傳遞過程並非完全，並且會有一部分消散在大自然中，無論是生產者或是各級消費者，他們在死亡之後，其身體架構會被分解者所分解，然後變成各種胺基酸回到土壤之中供生產者吸收，分解者中，包含食腐動物以及各種昆蟲及細菌，從右上圖可以更清楚了解到生態金字塔中的食物鏈以及其關係。

人類具備高度智慧並且幾乎完全脫離被取食的角色，因此位於食物鏈的頂端。由於大部分人們是雜食性，因此會從生產者及各級消費者取得食物。也因為人類位在食物鏈的頂端，因此在大自然界中的污染很容易透過食物鏈不斷累積濃縮而進入人類的口中，這種現象稱之為**生物濃縮性**（bioaccumulation）（Baker et al., 2014）。

在大自然界中，有許多動物的食物來源也具備非單一性，因此大自然界中大多以食物網的概念存在。無論消費者的層級有多高，食物的來源性有多廣，最終還是會走向死亡並且被分解的命運。

人類維繫生命所需要的能量與營養素皆從食物而來，而食物中的營養成分主要可以分成五種：

1. 碳水化合物
2. 脂肪
3. 蛋白質
4. 礦物質
5. 維生素

各種營養素皆有其獨特的生理功能，缺一不可，相關功能及重要性如右下圖所示。

生態金字塔（ecological pyramid）

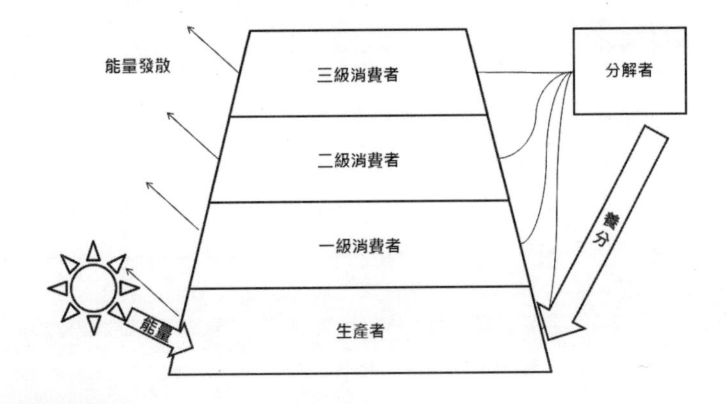

一個食物鏈例

重要營養列表

項目	重要性
碳水化合物	碳水化合物是重要的熱量來源，其形態有：多醣、雙醣、單醣，以及雜多醣等。
脂肪	重要熱量來源，脂肪可以促進脂溶性維生素之吸收，許多重要可促進生長發育的脂肪酸均須由脂肪中取得，例如：Omega 3, 6, 9、DHA、AA。
蛋白質	蛋白質是人體各組織的重要成分，也是體內各種酵素、抗體、各類激素、血紅素等物質的基本組成成分。
礦物質	泛指人體中維持身體的生長發育與生理功能所需要的元素以及微量元素。
維生素	維生素可以用來調節身體的生理機能，預防各種疾病並且維持健康的功用。

本章小結

地球是目前人類唯一已知存在生物的星球，在地球上，氣候適合各種生物生存，而生物可以生存的區域就是所謂的生物圈。生物圈可以到達高空，也可以深入海底，整個生物圈包含了地球大氣層、水圈以及岩石圈三個區域。人類也是生存在生物圈之中，享受陽光、水、空氣以及大自然的食物，因此人類無法置身於整個大自然環境之外。

然而隨著文明的發展，人類在不斷擴張生存空間以及探求更多能源時也同步地傷害整個大自然的環境，透過本章的說明，人類的文明發展絕對不能建立在我們周圍自然環境的傷害上，因為充足的陽光、新鮮的空氣、乾淨的水，以及不受污染的環境，是人類賴以維生的重要條件，任何不利於人類健康的因素，人們應該盡力予以克服並且轉換成有利於健康的因素，使人類生存與文明發展能夠永續。

問答題

1. 何謂生物圈？人類在生物圈所扮演的角色為何？
2. 藉由P.007上圖所描述的情況，試討論何謂溫室效應？溫室效應對於人類的影響有多大？
3. 討論人在食物鏈中所扮演的角色。
4. 藉由課外資料的閱讀，討論台灣的水文特徵，以及水資源的狀況。

第2章

人類文明與能源

章節體系架構

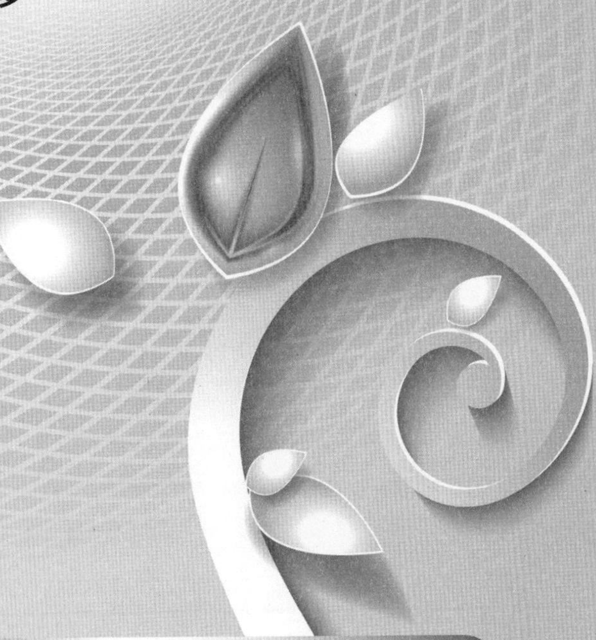

本章重點

1. 了解火的使用對於人類文明的意義。
2. 了解各個時代能源的主要來源。
3. 理解目前人類使用能源的狀況與國內資訊之比較。

UNIT 2-1

石器時代

能源是一切活動的來源，它與人類經濟、科技及文明之間存有很大的關聯性，本章從石器時代開始進行討論，說明了石器時代、青銅器時代、鐵器時代、工業革命以及 20 世紀以來每個時代的主流能源狀況，並且點出了人類文明的進步與能源的使用息息相關。本章的最後則分析了目前世界上的主要能源來源以及國內能源使用的比較，說明了目前人類依然對於化石燃料有很大的依賴。

火的使用

石器和火的使用是人類文明的曙光，人類怎麼開始使用火已經不可考了。根據文獻報導（James, 1989），經由考古學者所發現的遺跡推算人類用火的歷史已長達百萬年，以中國西侯渡遺址來說，其用火歷史長達 140 萬年，其證據為被火燒過的骨骸遺跡；而眾所周知的北京人周口店遺址，其歷史約 45 萬年，而證據則是燃燒灰燼、燒裂的骨骸、木炭以及燃燒過的石器。

火的使用大大地改變人類的生活方式，人類可以烹煮食物、取得溫暖、抵禦野生動物，並且藉由獲得光源增加了活動的時間與空間；尤其是在飲食方面獲得很大的改變，例如：改變食物的分子結構，使得各種營養的吸收效率提升，經過烹調的澱粉與蛋白質能讓人體吸收率提高。以澱粉來說，當澱粉在水中加熱時，澱粉吸收水分而膨潤，當溫度進一步加熱至 60-80ºC 時，澱粉會發生糊化並且變成半透明膠體溶液（starch gelatinization）；而蛋白質加熱也會發生變性（protein denaturation）的現象，不僅如此，透過烹調也可以殺死許多的細菌與寄生蟲，大大地提升人類的健康。

石器時代的能源

在石器時代，用來生火的材料為一般性的樹葉、枯枝與木材等，完全是生質能源的應用。植物吸收太陽能進行光合作用，藉著植物的生長而將太陽能儲存在植物本體內，當人類使用樹葉枯枝進行燃燒時，就會將植物所吸收的太陽能量釋放出來，其中以光能形式釋放的可以用來照明，而熱能部分則可以用來烹調食物、取暖以及製作各種工具等。在許多新石器時代的文化遺跡中不乏使用火來製作陶器的證據，例如新北市八里的大坌坑遺址就有出土陶器文物，在世界各地新石器時代的出土文物中不乏各種使用火來製作器物的證據。

在遠古時代，使用火並不像今日如此方便。為了起火，往往需要使用鑽木的方式或者是後來發展的**燧石**（flint）與**火鐮**（fire striker）。火鐮是一個金屬環，當燧石與金屬換碰撞時會產生火花。

蛋白質變性示意圖

普通蛋白質

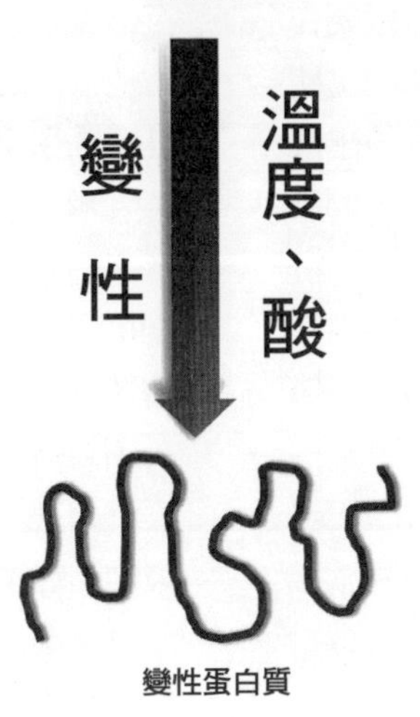

變性蛋白質

石器時代主要能源示意圖

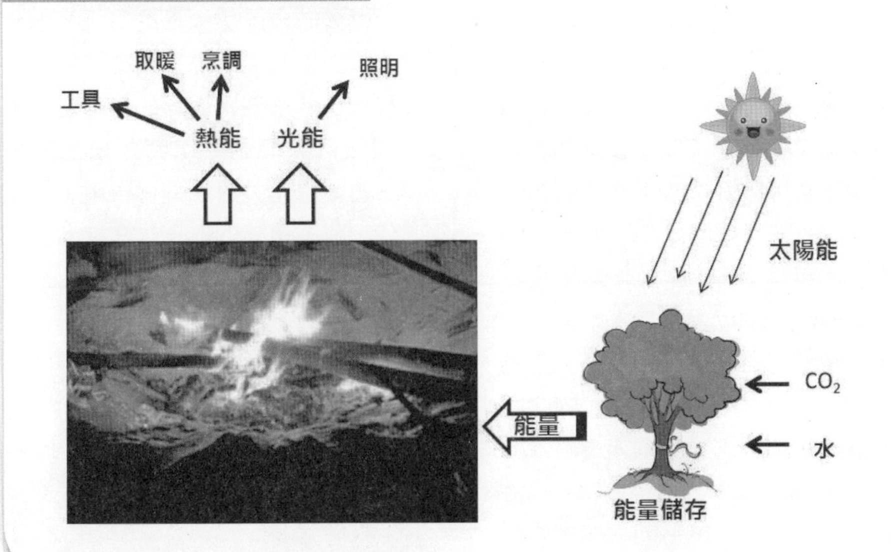

UNIT 2-2

工業革命以前時代

青銅時代

工業革命以前到新石器時代之間的時間相當的長，這一段期間經歷許多技術的大革新，在人類開始知道銅作可以為工具時，就進入了全新的文明階段——青銅器時代，青銅器的出現逐步地取代石器而變成人類主要的應用工具。

在中國，青銅器時代的鼎盛時期就屬夏、商與周朝（張光直，1983），除此之外，青銅器亦可製成各種生活用具以及農業用具，而青銅器的出現也代表著農業技術的精進。相較於鐵器，青銅器的熔點較低，因此較容易達到熔煉的溫度。

鐵器時代

緊接著青銅器時代而來的便是鐵器時代，世界上各文明開始鐵器時代的時間多有所不同，中國大約在西元前700 年進入鐵器時代，而世界上最早進入鐵器時代的是位在小亞細亞的西臺帝國，其年份可以達到西元前 1500年，甚至考古學者也曾在西元前 2100至1950年的地層中發現鐵製的殘片（Watanabe, 2009）。

由於鐵礦的蘊藏量相對較高，而且鐵的硬度又比青銅器來得高，因此鐵製武器很快地取代了青銅武器而變成主流。

在早期的中國，鐵器的冶煉多使用木炭作為還原劑，利用木炭中的碳來進行鐵的還原，加上高溫產生不易，因此多以海綿鐵為主要的產品，再進行敲打以精製。

工業革命前的能源

人類除了延續過去使用天然植物所形成的燃料之外，中國人早在西元前1000 年就已經使用了煤來進行銅的冶煉（台灣大百科全書）。而在古籍《山海經》中亦有記載煤的使用；羅馬帝國則是在西元前 400 年所遺留下來的灰燼遺跡中發現了燒煤的痕跡。

在工業革命以前，石油也是早被人類所發現，例如：宋朝沈括所著《夢溪筆談》更是第一次使用了「石油」這兩個字，中國人雖然很早就發現石油，但是其實際應用卻不是很廣泛。由於燃燒時會產生大量的黑煙，因此也有人使用石油燃煙來製造煙墨的工藝技術。除了樹木與煤的使用之外，人類在自然能源的工藝技術上的進步，也使得水力可以獲得使用；除此之外，代表風能的風車也在歐洲，如荷蘭等地獲得很大的發展。

● 青銅製造之武器

● 水力輔助金屬冶煉

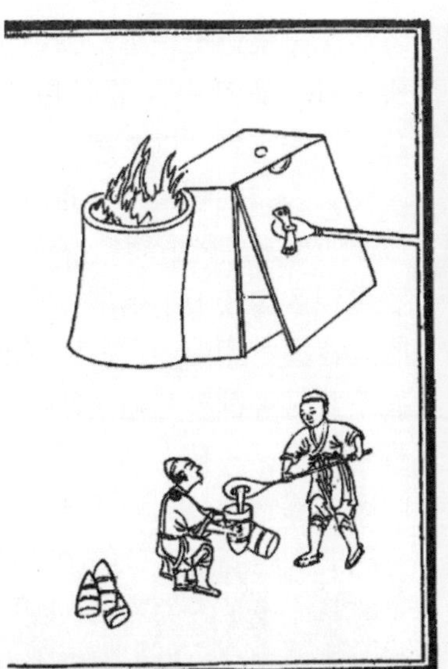

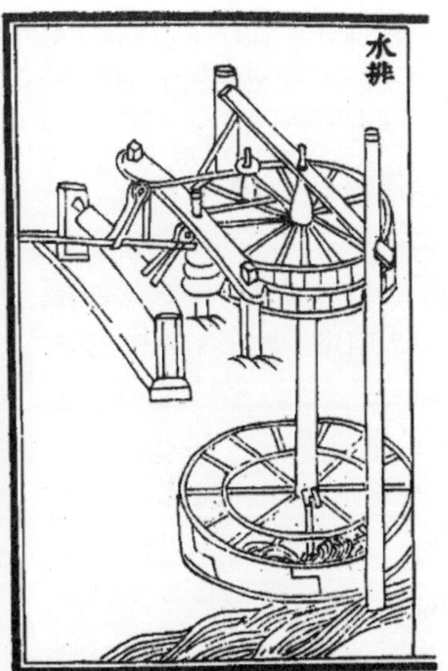

（王禎1271-1333，農書）

UNIT 2-3 工業革命的濫觴

迎接蒸氣時代的來臨

一提到工業革命，很多人都會想到瓦特（James Watt, 1736-1819）與蒸汽機，因而也有許多人以為蒸汽機是瓦特所發明的，其實早在西元 1 世紀時就有一種叫做氣轉球的裝置被發明，但自從瓦特在 1769 年改良**紐康門蒸汽機**（Newcomen steam engin）之後，許多工廠的人力逐漸被蒸氣推動的機械所取代，導致人類社會的生活型態產生了重大改變，自此人類進入蒸汽時代。

工業革命後的主流能源

工業革命後，蒸汽機成為重要的動力來源，從此以後動力的來源從獸力與人力轉變成蒸汽動力；為了取得蒸汽，勢必要燃燒許多燃料，也因此煤炭取代了傳統的木材而成為工業革命後最重要的燃料。

自從蒸汽機普及後，無論是農業、礦業、建築業以及交通運輸都獲得了很大的改變。以交通運輸來說，在這一段時間，以軌道運輸與蒸汽船的發展最為醒目。

1829年，史帝芬森的「火箭號」（Rocket）贏得利物浦與曼徹斯特鐵路公司所舉辦的「雨丘競賽」（Rainhill Trials），在當時，「火箭號」並非是第一輛蒸汽火車，而是當時贏得獎項的最佳設計。

在蒸汽機廣泛應用於鐵路運輸的同時，在航運上也有了突破性的改變。由美國人羅伯特富爾敦（Robert Fulton）於 1807 年製成，一艘帶螺旋槳的汽船「克勒蒙號」（Clermont）。這艘汽船在紐約與奧爾巴尼之間航行，全程 154 英里，只用了 32 小時。蒸汽動力火車與船艦不斷發展並且沿用到二十世紀中葉。眾所周知的「鐵達尼號」（Titanic），就是一艘配備 46,000 匹馬力的蒸汽動力豪華郵輪。

工業革命之後，除了前述的蒸汽動力之外，另外兩個重要的科技發展是藉由蒸汽動力機械化後的紡織業以及煉鋼業，這些科技的發展都是仰賴煤所帶來的工業與能源效益。

發電工業也是在蒸汽動力成熟後出現，隨之而來的則是電動馬達、電燈、電報、電話以及無線通訊等，這段時間人口逐漸增加，而各種因工業革命所帶來的社會問題也日益嚴重。

歐洲各國在工業革命後憑藉著強大的武器與生產力，大力地將勢力往外擴散並且在世界各地佔領殖民地，使得當時的鄂圖曼土耳其帝國、印度及中國，都飽受西方列強的欺凌；歐洲各國的國內問題也是層出不窮，由於工業革命後，人力需求大減，勞資爭議日漸嚴重，使得引發二十世紀冷戰的馬克思主義也在這一段時間誕生。

● 亞歷山大港的希羅所開發的汽轉球

● 史帝芬森的火箭號蒸汽火車

UNIT 2-4

20世紀的科技進步

20世紀的重要發展

上一個世紀是人類科技技術進步最快的時代，回顧西元1900到1999年的一百年間，有許多我們目前所知的科技以及日常生活中所熟悉的事物，都是在這一段時間發明的，例如：電話、汽車、飛機、電視機、電腦、手提電腦、行動電話以及網際網路；除此之外，二十世紀也是人類突破太空領域以及核能的重要世代。

20世紀的環境與能源

自從工業革命以來，人口數目因醫療與科技的進步而逐漸成長，根據美國商業貿易部的資料指出：全球人類總人口數在2050年時將達到93億人。人類的生活是離不開能源的，但這也就意味著未來人類對於能源的依賴不會稍減，而只會日加嚴重。

20世紀以來，化石燃料一直是能源的主要來源，從美國能源總署統計資料可以清楚的明白：石油、天然氣、煤以及核能是目前的主要能源來源，至於可再生性能源如：水力、風能，以及生質能則是顯得稀少。

使用化石燃料，會對環境造成嚴重的影響，例如：氮氧化物（NOx）污染、硫氧化物污染（SOx）、粒狀污染物、溫室氣體排放以及核污染等。

隨著二氧化碳與溫室氣體的過度排放，全球平均溫度也日漸升高，當全球平均溫度升高，就會造成冰川與南北極大量融冰，使得海平面上升，嚴重影響到人類的生存環境。

小博士解說

20世紀是人類史上相當特別的一百年，無論是科技、政治、與社會都有著前所未有極大的改變，20世紀的科學成就有近代物理，其中包含了相對論與核子物理，而在化學與生命科學部分也有突飛猛進的發展；除此之外，在工程技術上，電腦、雷射、雷達、資訊科學與太空工程等在今天被視為理所當然的技術，都在20世紀被開發出來。但很遺憾的，這些科學發展的背後，其實都是由於一個相當黑暗的動機，那就是在20世紀所發生的兩次全球性戰爭以及長達44年美蘇兩大集團間的冷戰。

1880 年以來與日常生活有關的重要發明

第一座核分裂爐
芝加哥 1 號堆(1942)

人類第一次登陸
月球 (1969)

第一支商用手機
DynaTAC (1989)

電話 (1876)

萊特兄弟
第一次飛行
(1903)

電視機 (1929)

電子數值積分
計算(ENIAC)
(1946)

第一部個人
電腦 (1968)

第一部手提
電腦 (1968)

德國工程師卡
爾・賓士的三
輪汽車 (1886)

第一個人造衛
星：史波尼克
(1957)

太空梭 (1977)

網際網路協會建立(1994)

1880 1890 1900 1910 1920 1930 1940 1950 1960 1970 1980 1990 2000 2010

1776-2012 年全球能源的來源

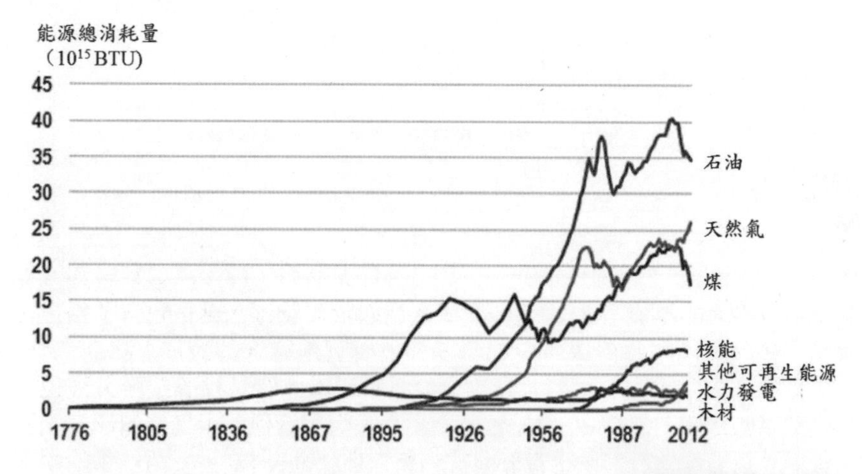

(美國能源總署統計資料)

UNIT 2-5 台灣的能源現況

當我們每天享受著科技現代化的同時，對於台灣的能源來源確實有了解的必要。成立於法國巴黎的經濟合作暨發展組織（Organization for Economic Co-operation and Development, OECD），起初是為了解決能源危機而成立了國際能源總署（International Energy Agency, IEA）。國際能源總署統計了全球大部分國家的能源使用現況，並且公佈於網站供全球人們知悉。

在 2011 年，煤、石油與天然氣依然是全世界最重要的能源來源，佔了 81.6%，相較於 1973 年，這些排放二氧化碳的能源減少了 5%，然而核能卻上升了 4.2%；換句話說，目前我們經常談及的潔淨再生能源所佔比例仍然是非常的少。台灣的能源比例狀況，化石類燃料佔了 87.7%，包含水力、生質能與廢棄物，以及各種再生能源全部僅佔 2.1%，相較於國際上的 13.3%，我國在能源來源比例上的確有改進的空間。

從能源的消耗狀況可以了解一個國家或地區的經濟情況，很明顯地，代表著台灣的經濟與科技從 1971 年以來就有很明顯的進步，直到 2008 年全球金融危機之後才有衰退的現象。

台灣地區歷年能源來源

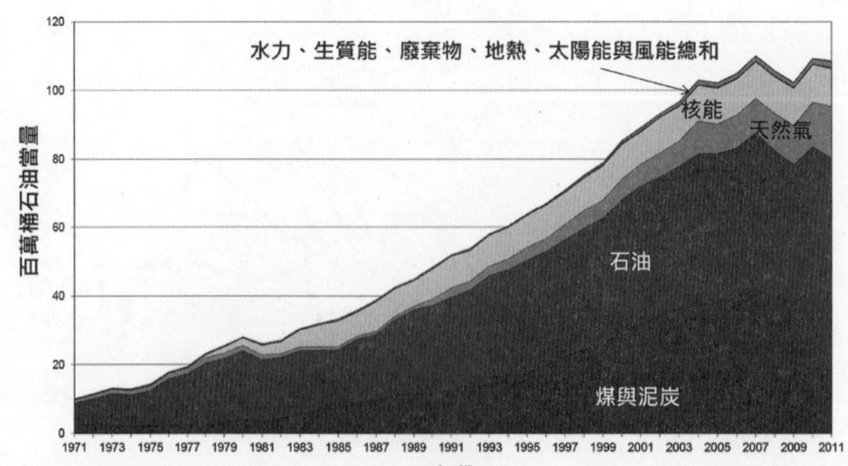

1973 年與 2011 年全球主要能源的來源比例變化

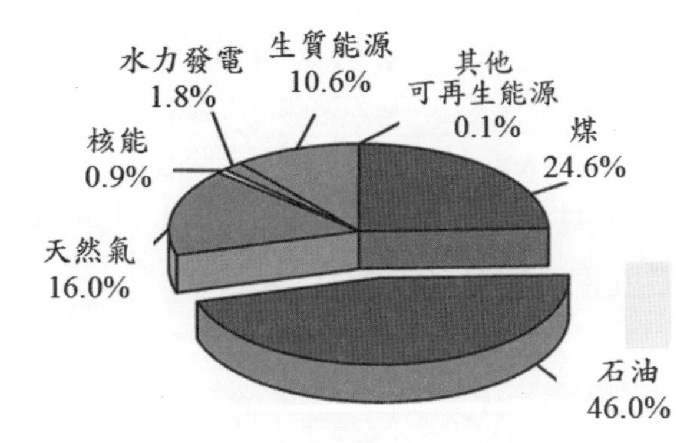

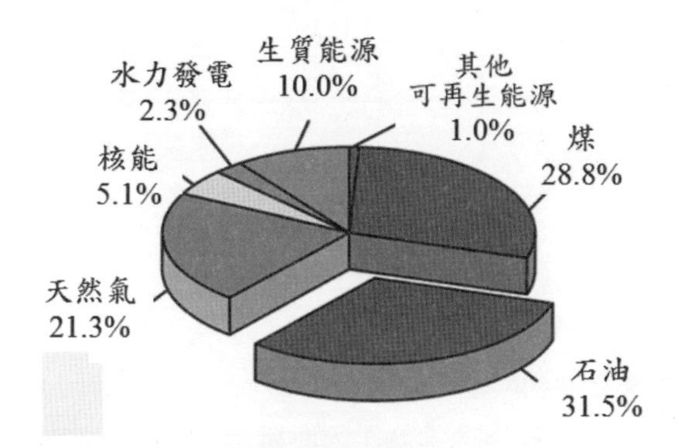

（國際能源總署，2013）

台灣於 2011 年能源的來源比例

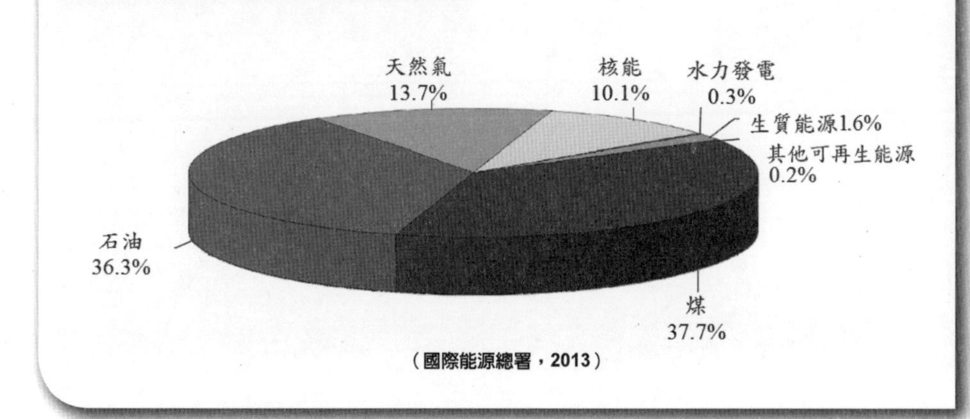

（國際能源總署，2013）

本章小結

在本章中敘述了火的使用對於人類文明開始的意義，並且討論了人類從石器時代以來，不同時代文明的能源代表，包含銅器時代、鐵器時代、工業革命，以及20世紀的科技發展，在整個人類文明發展史中，20世紀是人類有史以來成長、最快速的一百年，也是人類能源使用成長最大的一段時間，因此整個人類能源的使用，以及未來的策略，一直是人類要不斷省思的議題。

問答題

1. 火的使用對於人類的意義為何？
2. 討論為何青銅器會比鐵器來得早發現。
3. 台灣存在石器時代遺留下來的考古遺跡，請收集資料並討論台灣各地石器時代遺跡上的比較。
4. 思考每天生活中各種活動所使用的能源種類。
5. 思考可再生能源的比例為何如此偏低。

第 3 章

傳統能源

章節體系架構

本章重點

1. 了解煤、石油、天然氣等重要能源資源的來源。
2. 敘述各種傳統化石能源的形成以及其特性，也包含相關能源的開發、萃取精煉以及應用。

UNIT 3-1 煤（一）：煤的來源與種類

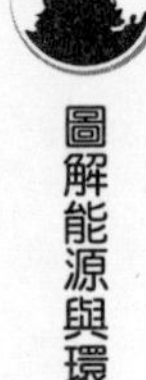

煤（coal）在地質學中估計是在 3 億年前左右所遺留下來的植物化石。上古時代的植物吸收太陽光，結合空氣中的二氧化碳與水形成植物的本體，植物透過光合作用將上古時代的太陽能儲存在植物本體中，形成化石而在現今使用。

據推測，上古時代的植物死亡後會變成沉積物，經過一段時間的擠壓後形成**泥炭**（peat），泥炭是等級最差的煤，全世界各地都有泥炭的蹤跡，泥炭可作為一般燃料使用，隨著時間越久，沉積越深，壓力越來越大而溫度越來越高時，水分與揮發物會逐漸變少，逐步變成**褐煤**（lignite）、**次煙煤**（sub-bituminous coal）、**煙煤**（bituminous coal），以及**無煙煤**（anthracite），所有的煤炭中以無煙煤的等級最高，發煙量最低。

當煤礦在地殼中受到地質以及火山活動之影響，有可能產生變質，累積壓力與溫度會使無煙煤中的碳重新結晶成**石墨**（graphite），碳在高溫與更高壓的狀態下，進一步形成鑽石。

煤的開採

根據《大英百科全書》（*Encyclopaedia Britannica*）記載，早在西元前 1000 年中國人已使用煤來熔煉青銅，因此煤的開採歷史相當久遠，早在明朝宋應星《天工開物》中已有記載煤炭的開採方法，當時中國使用挖空的竹管來排出煤礦坑中的沼氣。

現代的煤礦開採可以分成露天開採與地下開採，茲分述如下：

1. 露天開採

適合在較淺層的煤礦開採，可以利用大型挖土機快速地移除地表表層並取得煤礦，但是此方式卻會造成環境與景觀的破壞。

2. 地下開採

必須往地底下探挖數百或數千英尺才能到達煤礦層，地下開採的礦坑工作環境非常的差，不僅衍生出許多勞資糾紛外，礦工的工作環境也很容易造成職業傷害，例如：矽肺病。除此之外，礦災也是地下開採工作最危險的殺手，而引起礦災的原因主要是來自於粉塵以及礦坑中的沼氣（Morrice and Colagiuri, 2013）。

煤的開採、交通運送及燃燒方式均有著低成本的優點，使煤成為引領人類邁向工業化時代的背後推手，至今煤仍因價格低廉而成為開發中國家相當重要的能源供應來源。

燃的燃燒不僅會產生大量的二氧化碳，燃燒煤炭時所排放的硫氧化物、氮氧化物及微細煤煙都是人類與環境莫大的威脅。

根據美國能源部的統計，直到 2040 年美國燃煤發電量仍將佔全國發電總量的 30% 左右，若人們再不重視潔淨燃煤技術的開發或者逐漸減少煤的使用，環境的浩劫將會很快來臨。

燃燒泥炭作為燃料

（作者：Moi）

煤炭的成型與種類

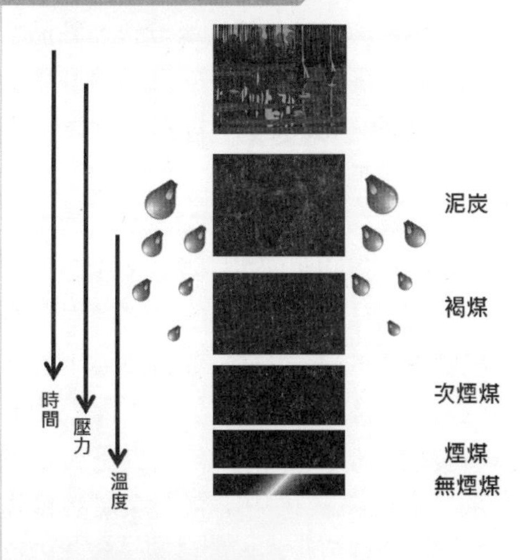

《天工開物》中煤炭的開採

煤礦開採的形式

UNIT 3-2 煤（二）：煤的應用

煤炭在今日仍是重要的能源，特別是其經濟的價格和豐富的儲藏量，煤最主要的用途是製熱，透過燃燒可將煤炭中的能量以熱的形式釋放出來。

在燃煤發電廠中，煤經過篩選後在燃煤鍋爐中燃燒，將水沸騰至過熱蒸汽狀態後推動渦輪機，渦輪機牽引發電機組產生電力。

除了燃煤製熱產生電力外，煤炭尚有許多重要用途。煤炭經過無氧乾餾（1000℃）後可得到非揮發性及揮發性產品，煤炭乾餾與氣化也是目前潔淨使用煤炭的技術 (Irfan et al., 2011)，其中非揮發性產品為**煤焦** (coke)，煤焦的用途主要用來高爐煉鐵，除此之外，煤焦可用來與高溫**水蒸汽產製煤氣** (water gas shift reaction) 或稱之為**合成氣** (syngas)，其成分為氫與一氧化碳。

在揮發性物質上來說，可以依照狀態分成兩類：第一種為煤氣，煤氣中主要的成分為一氧化碳，因此使用上較為危險，如果一有洩漏，容易發生煤氣中毒；煤氣除了用來作為一般家用煮食或加熱之外，也可用來照明，例如：煤氣燈。

第二種為**煤焦油**（coal tar），它是在乾餾製煤時因部分高沸點揮發性成分在冷卻後所形成的，煤焦油色黑濃稠，主要的成分有酚類化合物、芳香烴以及雜環有機物等（Blum et al., 2011）。煤焦油中可以提煉出許多工業以及醫藥用途之重要原料，不僅如此，煤焦油可以搭配觸媒進行氫化以產製潔淨液態燃料（Li et al, 2013），但是煤焦油本身具有毒性與致癌性。

在煤炭的使用中較為特殊的是煤炭的**液化**（liquification），煤炭液化的目的是要產製液態燃料，供交通或其他用途使用。液化的方式有兩種：直接一步法液化與二步法液化技術。

1. 所謂直接一步法就是德國人所開發之**貝吉烏斯製程**（Bergius Process），利用煤粉與重油以及觸媒混合加熱加壓至 450℃ 與 250 大氣壓，即可冷凝產生液化**粗油**（crude），經過分餾後可產製不同沸點之液態燃料，其中包含汽油類、柴油類、蠟及重油類產品，而重油類產品可以回收與煤粉混合繼續製程。

2. 所謂二步法液化技術，其中以**費托製程**（Fischer-Tropsch Process）最著名。費托製程雖然是在二次大戰時期所發展，但至今仍然有不少研究學者加以進行系統化的研究，煤炭必須先行製成**合成氣**，其中的氫與一氧化碳再藉由觸媒進行合成反應，其觸媒多以鐵（Fe）、鈷（Co）、釕（Ru）進行搭配組合，某些製程可以使用鎳（Ni）或銅（Cu）作為觸媒，但是以鎳與銅為觸媒時，大多是用來分別合成甲烷與醇類（Pavlova, et al., 2005 & Park, et al., 2014）。直接一步法與二步法相較之下，使用費托製程需要的壓力與溫度均較貝吉烏斯製程為低。

煤炭在燃燒製熱以外的用途

煤

揮發性物質 / 非揮發性物質

揮發性物質 → 煤焦油、煤氣

煤炭液化之製程比較

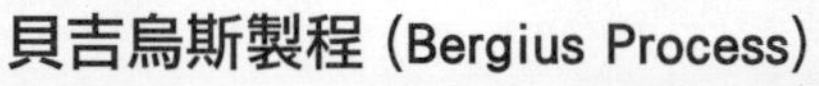

貝吉烏斯製程 (Bergius Process)

煤 → 研磨混合重油與觸媒 → 反應器 450˚C 250 bar → 粗油

費托製程 (Fischer-Tropsch Process)

煤 → 氣化 → 觸媒反應器 220˚C 30 bar → 柴油類 蠟 粗油

UNIT 3-3 煤（三）：台灣的煤炭使用狀況

早期台灣的煤炭大多使用在固定式蒸氣機，除了固定式蒸氣機之外，華人地區最早接觸的煤炭交通用途為鐵路運輸，早期所接觸的蒸汽火車皆屬國外製造，直到 1881 年唐胥鐵路通車時，當時有人利用礦場起重鍋爐和豎井架的槽鐵等一些舊材料，仿製了一台 0-3-0 型的蒸汽火車，並稱之為龍；而台灣的第一部蒸汽車頭為德國製騰雲號，歷經日本統治時期直到台灣鐵路局時代，台灣的土地上共出現了 30 多種型號的蒸汽火車。

蒸汽火車產生許多煤煙與有害空氣污染，對於環境的影響相當嚴重，因此鐵道運輸逐漸被柴油電力機車以及電氣化火車所取代，蒸汽火車運轉至 1984 年終於功成身退。

目前台灣使用煤炭最大的兩個用途是：煉鋼與發電。茲分述如下：

1. 煉鋼

台灣目前有六座煉鋼用的高爐，其中三座為中國鋼鐵公司所有，另外兩座為中鋼集團子公司中龍鋼鐵所有。高爐是煉鋼製程中最為經濟的方法，鐵礦石與助熔劑燒結後與煤焦混合進入高爐；在高爐中，煤中的碳以及高爐中的一氧化碳會將鐵礦砂中的鐵還原。

2. 發電

發電則分屬於台電公司以及民營電廠的燃煤發電機組。

燃煤的問題不僅僅是二氧化碳的排放，而是煤中含有硫，因此燃燒高溫的狀態下會產生氮氧化物（NOx），以及硫氧化物（SOx），除了造成空氣污染之外，它也是造成酸雨的元凶。

小博士解說

使用高爐煉鋼是煉製鋼鐵最經濟且具規模的製程方法，煤焦在高爐內轉化為具有還原性的一氧化碳，使鐵礦一步步地從三氧化二鐵 (Fe_2O_3) 轉變成四氧化三鐵 (Fe_3O_4) 氧化鐵 (FeO) 則轉變成鐵 (Fe)。除使用高爐煉鋼之外，尚有電解法以及低溫還原產生海綿狀鐵製程等方法。台灣的中鋼公司是國內最大的一貫化煉鋼廠，整個集團包含高雄廠區的四個高爐以及中龍公司在台中的兩個高爐，由於高爐一點火後就不能輕易停機，因此高爐每天必須不斷地運轉，並且消耗大量的礦砂與煤炭。

台灣燃煤發電廠列表

名稱	所屬公司	地點	容量（萬瓩）
林口發電廠	臺灣電力公司	新北市林口區	90
台中發電廠	臺灣電力公司	台中市龍井區	578
麥寮電廠	麥寮汽電公司	雲林縣麥寮鄉	180
和平電廠	和平電力公司	花蓮縣秀林鄉	130
大林發電廠★	臺灣電力公司	高雄市小港區	240
興達發電廠	臺灣電力公司	高雄市茄萣、永安區	432.6

★燃煤機組除役，改建超臨界發電機組，廠區中目前僅剩重油與天然氣機組運轉

世界前十名產煤國

產煤國	百萬噸	比例(%)
中國	3561	45.5
美國	904	11.6
印度	613	7.8
印尼	489	6.3
澳洲	459	5.9
俄羅斯	347	4.4
南非	256	3.3
德國	191	2.4
波蘭	143	1.8
哈薩克	120	1.5
其他	740	9.5
世界	7823	100.0

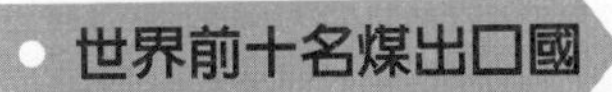

世界前十名煤出口國

產煤國	百萬噸
印尼	426
澳洲	336
俄羅斯	114
美國	99
哥倫比亞	74
南非	69
哈薩克	32
加拿大	28
蒙古	17
北韓	16
其他	26
世界	1237

世界前十名煤進口國

產煤國	百萬噸
中國	320
日本	196
印度	178
南韓	127
台灣	68
德國	50
英國	49
土耳其	28
馬來西亞	23
義大利	20
其他	211
世界	1270

UNIT 3-4 石油（一）：石油的來源與蘊藏

石油是目前全球人類最大且不能再生的能源來源，如同煤炭一樣，屬於化石燃料的一種，是長時間有機物**降解過程**（degradation）後的產物，如右上圖所示，為石油生成示意圖。

據推測，石油應該是數億年前海底沉積物所形成，在海底沉積物中包含了各種死亡的藻類以及浮游生物等，海底沉積物受到地殼變動後伴隨著適合油氣存在的地質條件，配合地熱與壓力的條件下形成品質不同的石油。

有機物蘊藏的地殼越深，溫度越高，當溫度較低時，容易形成液態原油；而當地殼溫度較高時，有機物的鍵結容易被分解而較容易產生甲烷。

要注意的是，不是所有的有機沉積物進入地底後都能形成石油而保留至今，造山運動與地殼隆起會造就成許多特異的地質結構，以最容易蘊藏石油的地方——構造性封閉來說，在結構上，石油與水存在於地底多孔性岩層區，下方與上方都要恰好存在緻密岩層時，油氣才不會逸散。在多孔性岩層區，石油就像海綿吸附液體一樣，分佈於多孔性岩石的中間。

世界上蘊藏石油的地區不多，而且種類與品質也不一。根據統計，世界上的儲油可以分成以下各類：

1. **傳統石油**
2. **重油油礦**
3. **超重油油礦**
4. **油砂**
5. **油頁岩**

至於石油的儲量，根據美國能源總署的資訊顯示，目前已知前三大石油儲量國為委內瑞拉、沙烏地阿拉伯與加拿大，分別有 297,570 百萬桶、267,910 百萬桶以及 175,200 百萬桶，一桶相當於 159 公升。台灣也產石油，不過量相當稀少，根據美國能源總署統計，目前台灣石油地下儲量約為2 百萬桶。

小博士解說

雖然台灣石油的產量相當稀少，但是在台灣苗栗縣公館鄉的出磺坑卻是國際上第二口、亞洲第一口成功鑽探的油井。早在 1817 年就有民眾在後龍溪旁發現油跡，1861 年理蕃通事邱苟挖了一個約 3 尺深的油井，每天可以產油 40 斤，並將其當成油燈燃料出售。1877 年該油井收歸公有並商請美國技師協助鑽探，一年後該油井即逐漸枯竭。二次大戰後原本已被認為枯竭的油井在機器設備改善之後又發現了更深的礦層，目前在此地區約有 130 幾口油氣井。

石油生成階段示意圖

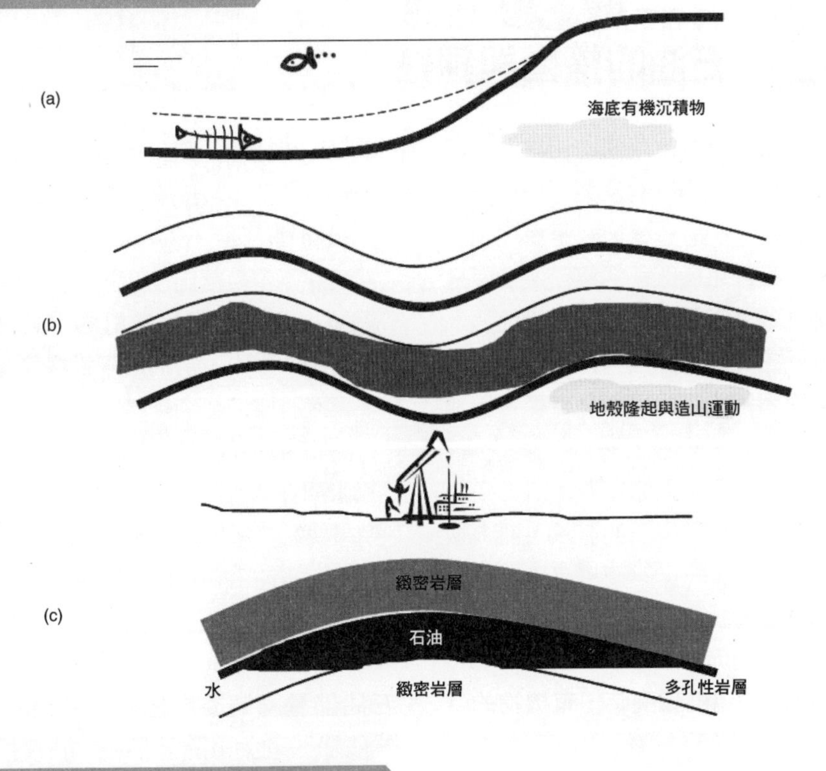

石油存在於多孔性岩層示意圖

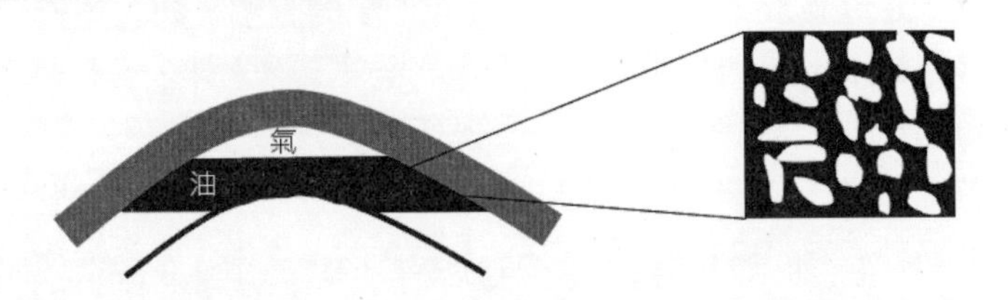

石油存在型式及比例

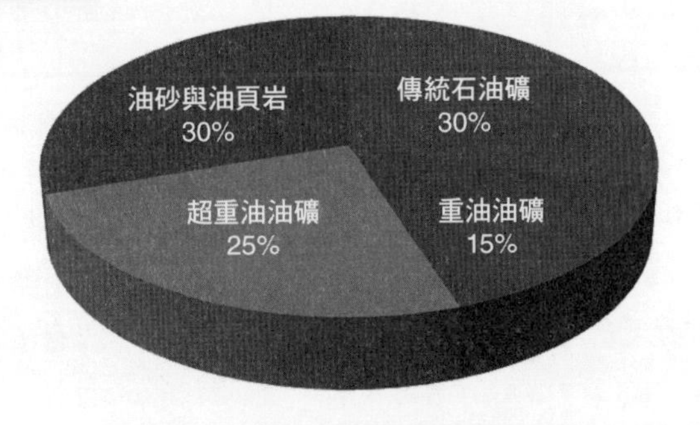

UNIT 3-5 石油（二）：石油的探勘與採挖

石油的探勘大多使用震波探勘，利用震波傳導的快慢與反射現象，用以分析岩層的結構，另外一種方式是使用化學方法追蹤石油可能棲移的路徑，無論是物理方式或者是化學方式，一般而言，畢竟地面的探勘只能指引大概的方向，只有實際鑽探後才能了解是否真有儲油及其蘊藏量。

根據歷史記載，人類在西元三千多年前已在西亞地區發現石油露頭，而中國人則在西元四世紀已經使用竹子鑽挖取得原油供當燃料使用及製作高級煙墨的材料，直到西元 1859 年，加拿大安大略省油泉市（oil spring）出現了第一口商業化的油井，而美國的第一口具規模油井在艾德溫德瑞克（Edwin Drake）努力之下，由美國賓州泰特斯維爾（Titusville, Pennsylvania）開採成功，為美國第一口油井。

台灣最早的油井是 1861 年在苗栗的「出磺坑油氣礦場」所開採的，也是目前世界上尚在生產石油的老油井，目前出磺坑還有三十幾口油井生產天然氣。

當油井鑽探成功之後便進入開採程序，目前開採的程序可以分成三級，分別為一級（primary recovery）、二級（secondary recovery）與三級（tertiary recovery），可分述如下：

1. 一級開採

當石油礦區鑽探成功後，由於地底下的壓力使得石油會自行冒出，透過泵浦輔助後直接吸取原油的方式稱之為一級開採，一級開採的過程約可抽取礦區內 5-15% 的儲量（Tzimas, et al., 2005）。

2. 二級開採

當油井不會自行出油時，就必須使用二級開採，二級開採常用的方式是將水打入儲油層中，使油可以被擠壓出油井，經過一與二級開採後，大約可以取得石油礦中約 45% 的儲量。

3. 三級開採

如果使用二級開採法無法進一步取得石油時，石油公司可評估經濟效益以進行三級開採。

三級開採的方式是打入高溫熱蒸汽，使得儲油層中的溫度上升，讓石油的黏滯性變低，並利用熱水將石油再度擠出油井，運用三級開採頂多再開採出至多 15-20% 的石油，如右圖所示。除了使用高溫熱蒸汽之外，亦有使用二氧化碳進行三級開採的方法。

油井的分佈並不限定於陸地地表，如果是在海洋之中，當條件與成本適合的情況下也是值得我們投入開發，例如：海面上的鑽油平台；近年來由於油價不斷高漲，過去不被重視的頁岩油以及油砂（瀝青砂）的冶煉再度受到重視，一般來說，1 公噸油頁岩大約可以產製1桶原油，至於油砂則是含有約 10-12% 的瀝青；基本上來說，油頁岩或瀝青砂的冶煉都需要用到熱水。

此外，萃取過後的油礦會產生比原來體積較多的廢石，因此在經濟與環保考量上仍然有許多待討論的空間。

美國第一口油井

（艾德溫德瑞克在美國賓州泰特斯維爾）

三級開採之圖例

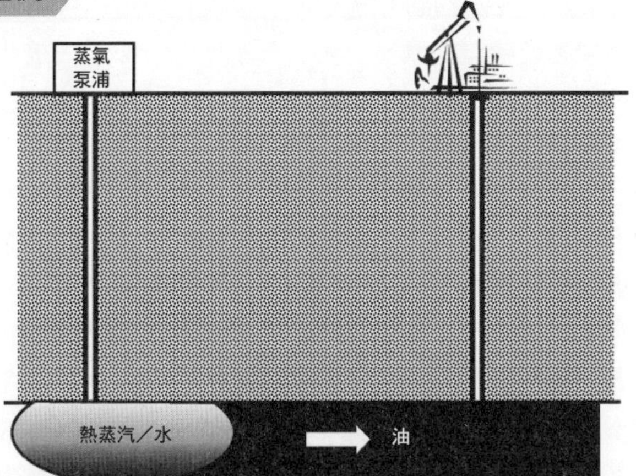

最早石油的用途是用來照明，並取代當時需求量相當大的鯨魚油，鯨魚油除了照明、潤滑之外，也是當時清潔用品高級肥皂的製造原料之一。1850 年代，照明用油需求告急，在石油尚未大規模開採前，人類已經從煤礦中取得煤油（kerosene），這也就是煤油名詞的來源。石油的大規模使用是要來到汽車發明的年代才正式大放異彩。

UNIT 3-6 石油（三）：石油的精煉與應用

石油的分類

石油是一種混合物，其成分與品質端視產地而論，而分類方式有許多種方法，略述如下：

1. 以比重分類

(1) 輕原油（light crude oil）

當**美國石油協會重力指標**（API gravity）低於 20 度時，稱為輕原油，輕原油密度較低，常溫流動性較佳，其中所含蒸發性物質也較高，在石油精煉中屬於較佳的原料。

(2) 重原油（heavy crude oil）

重原油的密度較高，常溫流動性較差，而其中所含蒸發性物質也較低，從油砂以及油頁岩萃取的原油大多屬於此類，甚至更重更黏稠。

2. 以硫含量分類

除了以密度做區隔之外，硫磺的總含量也是區隔品質的指標之一。

(1)當硫總成分高於 0.5% 時，稱之為**酸原油**（sour crude oil）。

(2)當硫總成分低於 0.5% 時，則稱為**甜原油**（sweet crude oil）。

為了取得規格之參考，一般國際上有幾個原油規格指標，例如：

1. **北海布蘭特原油**（Brent Blend）
2. **杜拜歐曼原油**（Dubai Oman）
3. **馬來西亞塔匹斯原油**（Tapis）
4. **西德州原油**（West Texas Intermediate）

由於原油是複雜的混合物，除了直接燃燒發電之外，原油必須經過精煉才能獲得最大效用，最廣為人知的方式就是分餾，依照不同成分的沸點進行分餾，以取得不同等級的產品。

經過分餾後只能取得各種等級產品的粗製原料，為了提高某些特定用途之產品產量，可以引入裂解、加氫烷化或重組技術增加特定產品的產率，一般來說，這些製程都必須在高壓、特定溫度以及觸媒的協助下完成。

以汽油為例來說：一般以分餾法可以取得汽油的主要原料，也就是**石腦油**（Naphtha）類產品，它是 C5-C12 的烷烴類混合物，為了增加此類產品的產量，可以透過**裂解**（catalytic cracked）製程將重油類產品裂解成較小分子，以增加汽油類產品的產量。

上市的汽油必須添加許多添加劑，使其辛烷值能夠有效提高，一般常見的混摻物包括：甲苯類、萘類，三甲基苯類以及含氧添加劑（甲基第三丁基醚，MTBE）。

石油分餾塔

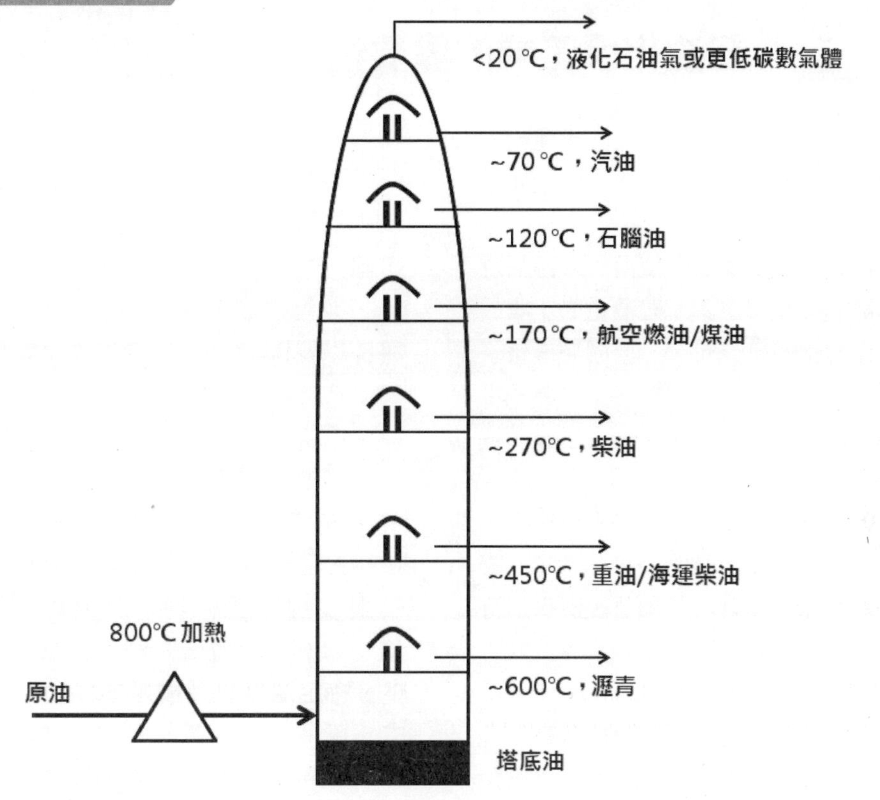

以運輸用油來說，汽油類與柴油類產品應用於車輛，重油類以及海運柴油類產品適用於船艦發動機，而煤油類產品則適用於航空發動機；各種運輸用油都有其相關的產品標準。

以汽油引擎來說，依照引擎的性能與壓縮比選用適當的抗震爆汽油，抗爆震特性是以辛烷值（Octane number）為指標，辛烷值的分析方法有研究法（RON）與馬達法（MON），台灣汽油分成 92、95 以及 98 無鉛汽油，這就是用研究法加以定義；以異辛烷（2,2,4-三甲基戊烷）為 100、而正庚烷為 0，只要某種調製混合燃料的抗爆震特性與 98% 異辛烷及 2% 正庚烷混合燃料相同時，則定義為 98 汽油。至於柴油類產品則是以十六烷值（Cetane number）加以定義其引燃特性，以易壓燃的十六烷為 100，不易燃的 1- 甲基萘（1-Methylnaphthalene）為 0，其定義方法如同辛烷值。只要某種調製混合燃料的壓燃特性與 60% 十六烷及 40% 1- 甲基萘混合燃料相同時，則定義為十六烷值 60 的柴油。

UNIT 3-7 石油（四）：石油化學工業的重要性

石油除了提供能源以及交通運輸燃料之外，更是石油化學工業的重要原料。

我們在日常生活中使用的東西都離不開石油化學工業。石油化學工業的範圍包括石化原料業、塑膠類、化學肥料業等，將這些材料加工成為民生用品類的清潔用品業、人造纖維紡織等。

如果將食衣住行四大需求提出來討論與石油化學工業的關係，其實不勝枚舉，以下僅針對數項重要關係進行說明：

1. 以**食**來說，除了種植農作物之各式機械耕耘機需要燃料之外，一般化學肥料與農藥都是石油化學工業的衍生性產品，各種處理食物與水的塑膠製品，以及每天我們盛裝食物的塑膠袋，都是來自於石油化學工業。

2. 以**衣**來說，最常見的就是人造纖維、人造皮革與人造絲，這些人造衣物帶來了經濟且有效益的保暖衣物。

3. 以**住**來說，最常使用的石油化學產品有各式油漆、水管管路以及電線。

4. 以**行**來說，一台汽車除了金屬零件以及部分天然材料之外，其餘幾乎都是石油化學工業的產品。

在石油化學工業以及煉油過程中會產生較低碳數的氣體產品—氫、甲烷、乙烷、丙烷與丁烷，其中丙烷與丁烷的混合物稱為**液化石油氣**（LPG），也就是我們日常使用的鋼瓶瓦斯，其中約含50%丙烷、50%丁烷以及少量的臭劑，在許多沒有連接天然瓦斯的家庭與小攤車中，液化石油氣是烹調及燒熱水的重要燃料。

小博士解說

1907 年李奧．貝克蘭 (Leo Baekeland) 開發出了第一種合成塑膠，也就是我們現在所稱的**電木** (bakelite)。20 世紀初期可以說是塑膠的起源時期，1953 年諾貝爾化學獎得主赫爾曼 ． 施陶丁格 (Hermann Staudinger) 的成就，讓他被稱之為**聚合** (polymer) 化學之父。直到今天，有將近數十種塑膠類別，數百種以上的塑膠用品存在於我們的生活周遭。

LPG
液化石油氣

塑膠袋

水質改善

化肥與農藥

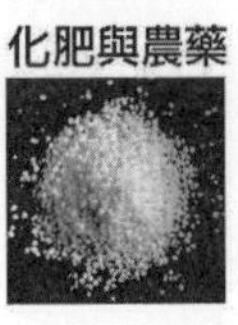

人造絲

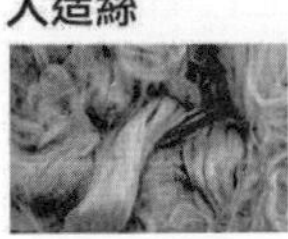

人工皮革

耐龍

漆

PVC 管

電線皮

人工皮革
燃料
輪胎

UNIT 3-8 天然氣（一）：天然氣的來源與蘊藏

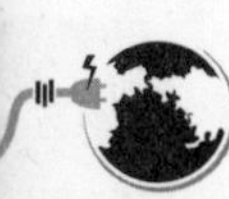

天然氣的來源與蘊藏

在前一節中提到石油的生成，如果在地層中遇到較高溫岩層時，大部分有機物會衍生成天然氣。在石油的採礦過程中，天然氣是副產品，其成分大部分為甲烷（CH_4）。目前常見的各種天然氣來源：包括**煤礦天然氣**（coalbed gas）、**非共生氣**（non-associated gas）、**共生氣**（associated gas）、**緻密岩氣**（tight gas）以及目前最受注目的**頁岩氣**（shale gas）（Paul, 2012）。

目前頁岩氣的生產比例有逐年上升趨勢，這也有賴於**水平鑽挖**（horizontal drilling）以及**水力岩層爆裂**（hydraulic fracturing）技術的發展，使得成本大幅降低。一般相信，由於分子中含碳比例少，所以使用天然氣有降低二氧化碳排放的效果。

除了鑽探取得天然氣礦藏之外，在某些特定地區，由於地層活動的因素，天然氣會自然地逸散至大氣中，例如：關子嶺水火同源以及墾丁出火地區。

近年來，由於二氧化碳排放以及空氣污染控制的因素，人類對於天然氣的需求量越來越大，除了上述地質構造性天然氣礦藏型態之外，另一種天然氣礦藏的明日之星——**甲烷水合物**（methane hydrate），也備受重視，甲烷水合物是甲烷與水的結晶冰，也稱為甲烷冰、天然氣水合物或可燃冰，1 莫耳的甲烷約可與 5.75 莫耳的水共同結晶成甲烷水合物。

目前全世界有許多國家投入甲烷水合物的鑽探，例如：日本、美國、中國，與印度等，其中又以日本的投入最為積極，其原因係來自於能源自主的考量。

天然氣的運輸

採用液態方式運輸是最有效率的方法，但是天然氣中佔最多成分的甲烷影響到甲烷的儲存與運輸。

要注意的是，甲烷的液化不能在常溫下進行加壓，因為甲烷的臨界溫度為 T_c = 190.4 K，而臨界壓力為 45.79 atm，在此需要說明的是，在常溫下（300 K），如果不斷地將甲烷加壓，並不會像丙烷或丁烷一樣變成液態而是變成超臨界流體。甲烷的超臨界密度為 162.7 kg/m^3，而冷卻液化的甲烷密度為 422.36 kg/m^3，因此要將甲烷液化時，必須加以冷卻至 190.4 K以下進行液化，方能達成有效運輸。

當天然氣液化後，就能使用管路輸送或是使用**天然氣船**（LNG carrier）進行船運，天然氣船是一種特殊設計的船艦，除了雙層船殼之外，盛裝容器也需要有保溫與耐壓的多重安全設計。

常見各種天然氣礦藏型態

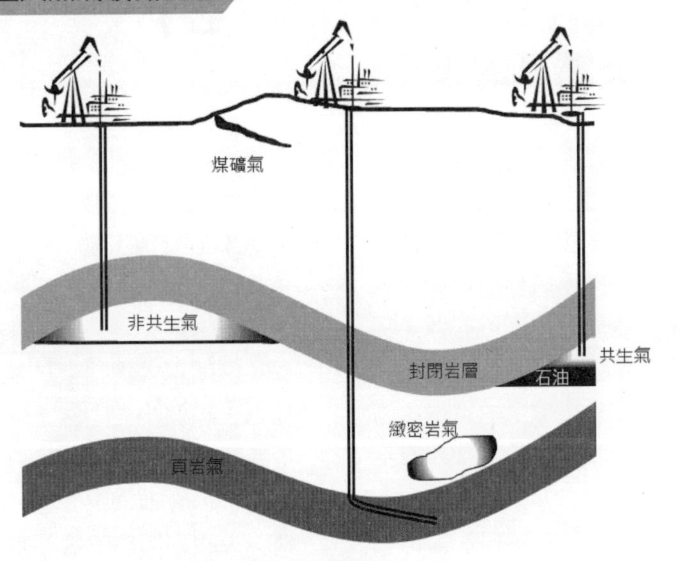

物質液化、三相點以及臨界點示意圖

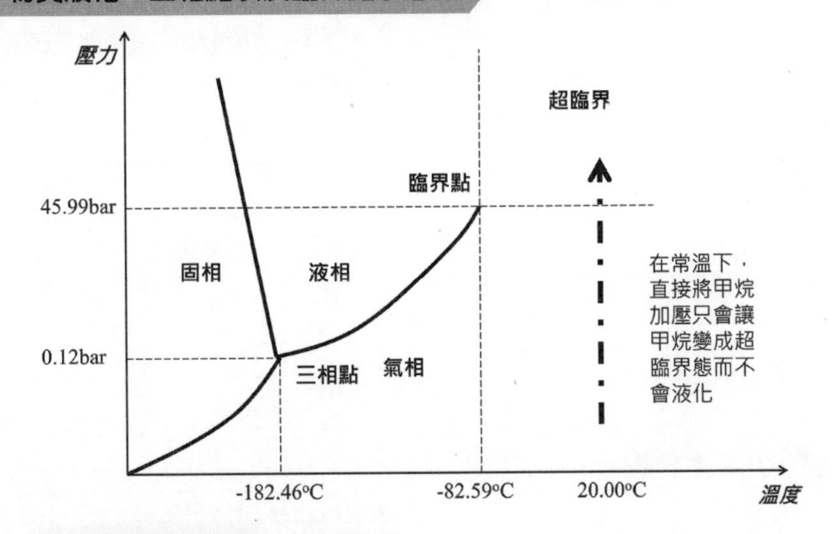

天然氣從產區到應用端的運輸

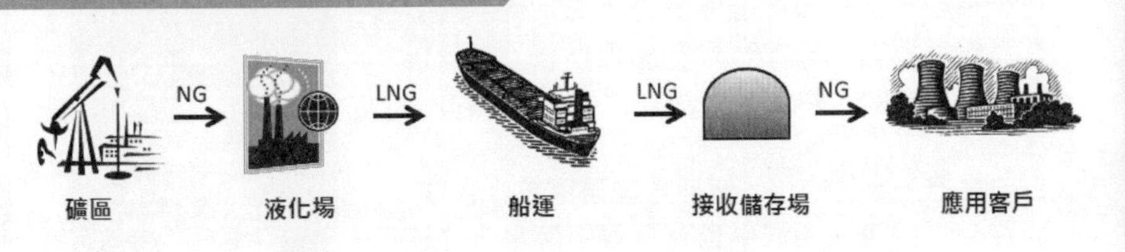

第3章 傳統能源

UNIT 3-9 天然氣（二）：天然氣的應用

天然氣是一種乾淨安全的燃料，當天然氣進行液化時，氣體中的硫份、二氧化碳以及水分均已去除，因此，燃燒過程中並不會因硫份而造成空氣污染，它是一種乾淨清潔的能源；另外，由於甲烷密度比空氣輕，萬一不慎洩漏時，很容易擴散至大氣中，減少爆炸的危險機率，屬於一種較安全的民生用燃料。

除此之外，天然氣每單位熱值供應的二氧化碳釋放量會比碳數高的燃料來得低，以甲烷以及丙烷來進行比較，使用甲烷可以有效減少二氧化碳18%。

天然氣主要有以下幾個用途：

1. 天然氣發電

緩解能源緊缺，降低燃煤比例。

2. 城市燃氣事業

尤其是作為民生用燃料，通常，天然氣的供應比例可顯示一個城市的開發成熟度。

3. 天然氣交通工業

天然氣也可應用在交通工具上，例如：天然氣巴士以及小客車。在小客車應用中，最有名的就是美國本田所生產的喜美天然氣車款(Honda Civic GX)。此外，在航空上也有應用的例子，例如：俄羅斯圖波列夫Tu-330機型曾開發使用天然氣作為燃料。

4. 天然氣化工工業

天然氣亦有許多重要的工業用途，例如：有名的哈伯法(Haber process)、製造肥料時所需要氫與氮氣，其中氫氣可從天然氣中取得。

小博士解說

近年來甲烷水合物是一個相當熱門的礦藏，它是一種甲烷分子被冰晶格所包覆的結構，只有在高壓低溫的海底才有可能穩定存在，由於這種冰的結晶物可以燃燒，所以又被稱之為可燃冰。

目前世界上大約有 60 個地方發現甲烷水合物，而在台灣的西南海域中也有發現甲烷水合物的蘊藏。

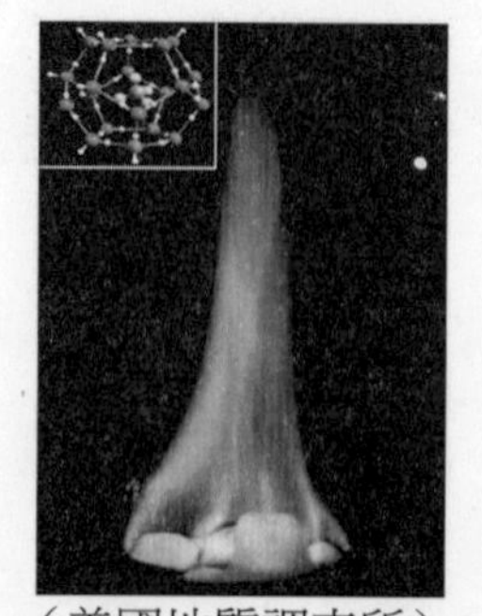

（美國地質調查所）

甲烷與丙烷燃燒熱值暨二氧化碳釋放表

	甲烷	丙烷
空氣中燃燒反應式	$CH_4+2O_2+7.52N_2 \rightarrow CO_2+2H_2O+7.52N_2$	$C_3H_8+5O_2+18.8N_2 \rightarrow 3CO_2+4H_2O+18.8N_2$
燃料熱值	889 KJ/mole	2220 KJ/mole
每單位熱值二氧化碳產量	1.125×10^{-3} mole/KJ	1.351×10^{-3} mole/KJ

本章小結

在本章中說明了目前人類能源的主要來源：煤、石油與天然氣，詳細闡述煤、石油、天然氣的形成與目前的鑽探方式、應用方式，這些化石燃料在遠古時代吸收太陽能後，將二氧化碳固定在燃料本身之中，19 世紀以來，人類不斷地將這些二氧化釋放出來，不僅大量二氧化碳會造成環境變遷，燃燒時所產生的污染更會毒化我們周遭環境，這些都是我們值得深思的；然而應用大量會製造二氧化碳的能源，也造就了我們現今所謂的**碳經濟**（Carbon Economy）文明。

問答題

1. 為何煤與石油會被稱為化石能源？
2. 化石燃料的能源主要來自何方？
3. 說明煤的種類以及它們生成的機制，並比較其優劣。
4. 何謂分餾法，其原理為何？
5. 試想看看，如果今天沒有石油化學工業，我們的日常生活將會出現多少不便。
6. 蒐集資料比較煤氣、天然氣以及液化石油氣的差別。

原子能

章節體系架構

本章重點

1. 了解原子能的發展。
2. 了解核分裂與核融合的概念與產電方法。
3. 了解核子醫學對於人類疾病的貢獻。

UNIT 4-1 原子能發展

就傳統化石燃料的燃燒而言，其釋放能量的型式為化學鍵的破壞與結合，其範疇為原子中電子的領域。本章所要討論的是，人類利用原子核的作用產生能量，其中包含原子核分裂與原子核融合，當能量消逝時，會放出巨大的能量供發電使用。

由於核分裂反應會產生許多具有放射性且半衰期很長的同位素，如果不慎洩漏的話，對人類來說會是一場大災難，因此透過本章可以了解核能的原理以及其應用方式，再透過下一章的核污染專題，更可以串連了解相關的危害機制。

十九世紀的發展

原子能的肇始應是來自於愛因斯坦（Albert Einstein）的**狹義相對論**（Special Theory of Relativity），然而在十九世紀末已有許多科學家專注於放射性元素的研究，其中較為有名的是 1895 年倫琴（Wilhelm Röntgen）的 **X 光**（X-ray）、1896 年亨利貝克勒（Henri Becquerel）發現硫酸鉀鈾晶體的放射能，以及十九世紀末居里夫人（Madame Curie）的一系列研究。

1895 年倫琴在進行**陰極射線管**（Cathode Ray Tube）研究時，發現一種眼睛不可見的特殊光，這種未知的光可以使附近的氰亞鉑酸鋇晶體發出螢光，由於未知，因此命名為 X，如同數學的未知數一樣。倫琴是一個治學相當嚴謹的人，因此在發現 X 光後，他花了很多的時間在實驗室裡不斷進行試驗，後來才確認 X 光的存在，他使用新發現的 X 光拍了人類第一張 X 光照片。

1896 年，亨利貝克勒進行硫酸鉀鈾晶體吸收陽光並放出螢光的實驗，一開始亨利貝克勒發現，當硫酸鉀鈾晶體放在陽光下照射後，再用黑紙做隔層並用底片包覆，發現了底片的曝光現象。

當時他假設硫酸鉀鈾晶體吸收太陽光後會發出 X 光，有一天剛好是陰天，因此做實驗的硫酸鉀鈾晶體並沒有受到陽光照射，而被收到抽屜裡，但是這塊晶體依然讓底片曝了光，這是人類第一次發現天然放射線的現象。

19 世紀末，居里夫婦進行了一系列的放射化學研究，於 19 世紀初從瀝青鈾礦中發現了兩種新元素釙（Po）和鐳（Ra）。1911 年，居里夫人建立了分離鐳元素的方法。

19 世紀末到 20世紀初的許多放射科學為 20 世紀的核子工程奠定了重要基礎。

● 人類第一張 X 光照片

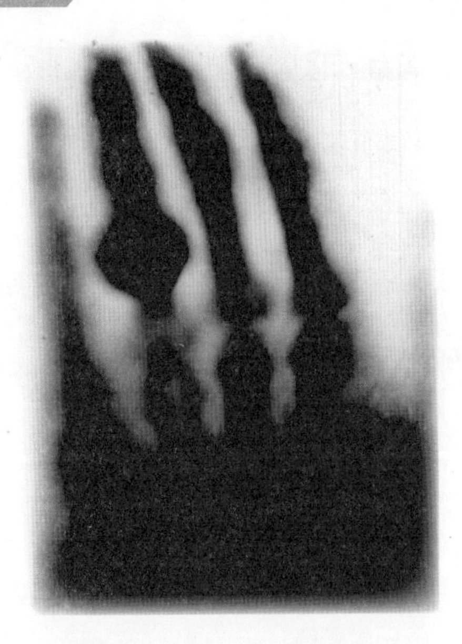

● 硫酸鉀鈾天然放射線所留下的曝光影像

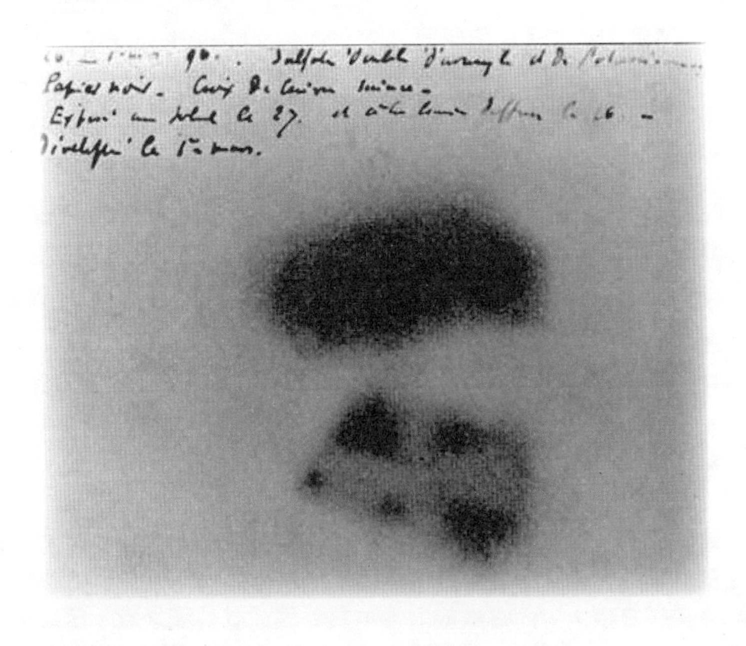

UNIT 4-2 原子能在二十世紀的突飛猛進

在相對論能量觀點上來說，最為人熟知的就是 $E=mc^2$。直到1938年，奧圖漢恩（Otto Hahn）及其助手在實驗中發現了重原子的分裂現象，到了 1942 年，恩理科費曼（Enrico Fermi）於 1942 年在芝加哥大學建立了人類第一個核子反應爐（Chicago Pile–1, CP-1）；從軍事方面來說，美國在二次大戰期間（1939）啟動了**曼哈頓計畫**（Manhattan Project），同一時間德國也啟動了一個名為**鈾工程**（Uranprojekt）的計畫，由於德國嚴重兵源不足再加上仇猶因素，使得德國的核武開發計畫落後美國，倘若德國率先開發出核武，現今的世界必定改觀。

德國投降後，盟國吞取了德國原子能技術，其中包括研究人員、設備與技術等資源。1945 年美國將命名為「小男孩」（little boy）與「胖子」（fat man）的原子彈，分別投落於廣島（Hiroshima）與長崎（Nagasaki）而結束了二次大戰。

原子彈屬於**核分裂**（fission）砲彈，而威力更強大的**核融合**（fusion）砲彈則在 1953 年由蘇聯率先完成氫彈試爆，1954 年美國於比基尼環礁試爆第一顆氫彈，同年美國第一艘核動力潛艦鸚鵡螺號（Nautilus）下水，緊接著英國、中國、法國分別於 1957、1966、1967 與 1968 年完成氫彈測試。

至於原子能的和平用途則是散播於世界許多先進國家，在人類從 1957 年開始的原子能和平使用歷史中，共發生三次極為嚴重的意外事故，這三次分別為：

1.1979年美國三浬島核子電廠（Three Miles Island Nuclear Generation Station）事故。

2.1986年蘇聯車諾比核電廠（Chernobyl Nuclear Power Plant）事故。

3.2011年日本福島第一核能電廠（Fukushima I Nuclear Power Plant）事故。

其中又以車諾比核電廠事故最嚴重。

過去為了減少二氧化碳排放，建置核能發電廠曾是許多國家的重要選項之一，然而歷次嚴重核子事故也粉碎了運用核分裂技術產生電能的美夢。

小博士解說

根據行政院原子能委員會所制定的核災定義：「核子事故係指核子反應器設施發生緊急事故，且核子反應器設施內部之應變組織無法迅速排除事故成因及防止災害之擴大，而導致放射性物質外釋或有外釋之虞，足以引起輻射危害之事故。」核子事故、輻射彈事故，以及輻射意外事故統稱輻射災害。

原子能大事年表

居里夫人的放射研究(19世紀末)

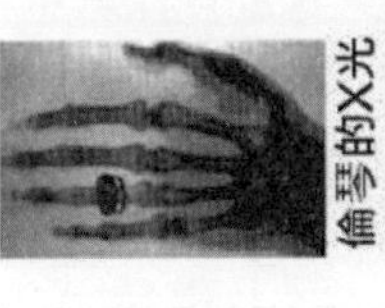

倫琴的X光研究(1895)

亨利貝克勒的硫酸鉀鈾實驗(1896)

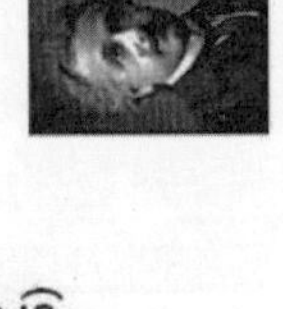

愛因斯坦狹義相對論(1916)

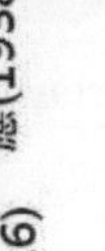

核分裂反應(1938)

第一座核分裂爐-芝加哥1號堆(1942)

曼哈頓計畫與原子彈轟炸(1945)

核子潛艦-鸚鵡螺號(1954)

比基尼群島氫彈試爆(1954)

沙皇氫彈(1961)

三浬島核能電廠事故(1979)

車諾比核能電廠事故(1986)

福島第一核能電廠事故(2011)

1880 1890 1900 1910 1920 1930 1940 1950 1960 1970 1980 1990 2000 2010

UNIT 4-3 核分裂與連鎖反應

核分裂

核反應是指微粒子與原子核的碰撞作用所產生的變化，而核分裂是核反應的一種，它是原子序大的原子轉變成原子序較小原子的過程，以鈾-235為例，當鈾-235 吸收一個中子之後，會形成相當不穩定的鈾-236，並且隨即分裂成氪-92 與鋇-141 與三個中子，並伴隨著伽瑪射線（γ）的發射。

會產生核分裂反應的不限於鈾元素，釷-232、鈽-239 等元素在適當條件下均會發生核分裂現象。元素後面所標註的數字代表原子的質量數，以鈷元素為例，在自然界中，穩定的鈷是以 27 個質子與 32 個中子構成，其質量數為 59 ，因此標記為鈷-59，而質子數目則為該元素的原子序；它的同位素具有相同的質子數，但是其原子核有 27 個質子和 33 個中子，其質量數為 60，標記為鈷-60。核分裂反應除了產生許多較小的原子之外，伴隨著反應也會放出 α、β、與 γ 等射線。

連鎖反應與臨界

在前一節所述核反應中所產生的三個原子會被周圍原子所吸收而放出能量，當然也有機會誘發另外的核分裂反應，也就是說，核分裂所產生的中子撞及另外一個可分裂原子後，誘發另外一個核分裂反應，以鈾 235 來說，它分裂後會產生三個中子，在適當條件與控制下，可使中子產生量維持穩定值而達到穩定連鎖反應的狀態，但這種情況是應用在核能發電和平用途上。

如果一次核分裂所產生的中子誘發多次核分裂，中子的數量即會呈現級數成長而失去控制進而產生爆炸性的結果，這種方式就是原子彈引爆的原理。

一般來說，核分裂所產生的中子動能相當大，一般大多有 2×10^6 電子伏特（eV）。

如果要有效引發其他核分裂反應，就必須將中子動能降低到 0.025 電子伏特，要達到此目的，需要使用水或是石墨當作**減速劑**（moderator）。

欲維持連鎖反應的進行，可分裂材料必須達到適當的質量，這個質量稱為**臨界質量**（critical mass），臨界質量會隨可核分裂材料的幾何形狀以及是否有反射材料而改變，以鈾-235 為例，其臨界質量在球體且無反射體時約為 52 公斤，而鈽-239 只要 10 公斤。當材料濃度降低時，其臨界質量也會跟著提高。

以核能發電來說，天然鈾礦中僅含約 0.7% 的鈾-235 ，如果要應用在核能發電上，必須將鈾-235 的濃度提升至 3%。

鈾-235 核分裂示意圖

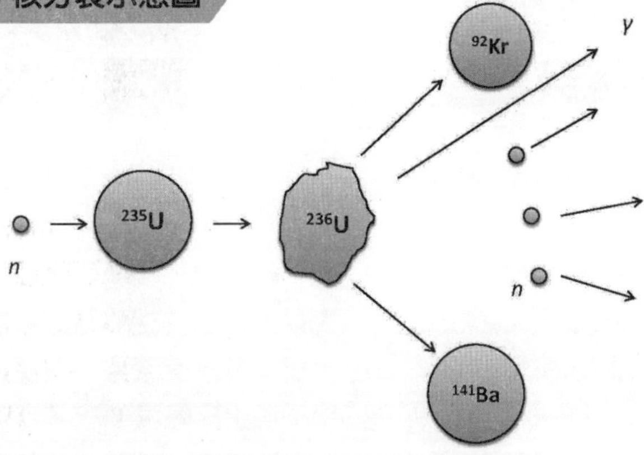

鈾-235 之穩定核分裂連鎖反應示意圖

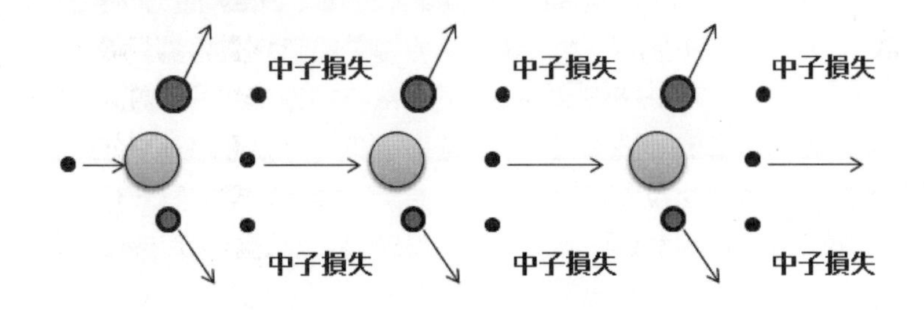

鈾-235 之不受控制核分裂連鎖反應示意圖

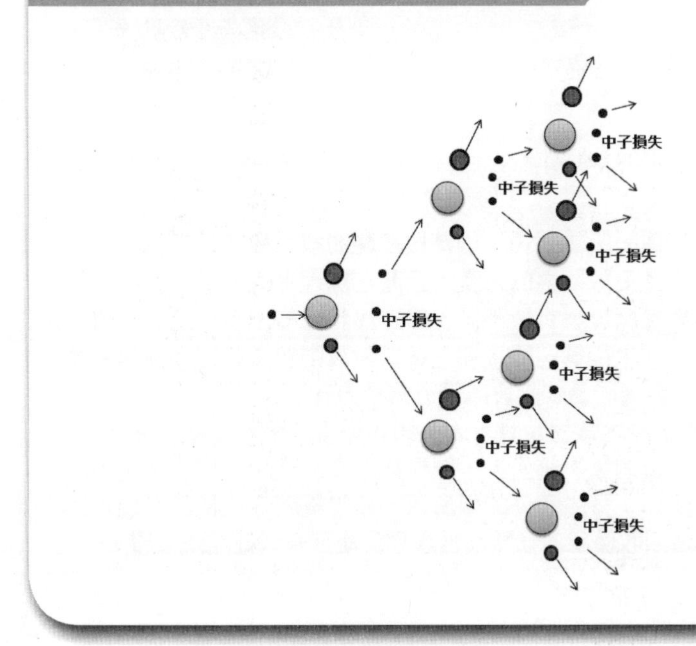

UNIT 4-4
核能電廠

核能電廠是核子動力的一種，利用啟動、控制與停止核分裂之技術適當地產生能量，並將之轉變成電能，一般來說大多是使用核分裂所產生的能量加熱工作流體，工作流體以蒸汽推動渦輪機，並帶動發電機組發電。目前大部分的核能發電廠使用核分裂技術，並使用鈾為主要核分裂材料。當鈾礦從礦區採收後先製成**黃餅**（yellow cake），其成分主要為八氧化三鈾（U_3O_8），再送到濃縮廠進行濃縮至 3% 的製程，其濃縮技術大多使用氣體擴散法、離心法以及雷射濃縮法。經過精煉後的鈾再製成二氧化鈾，再由燃料棒生產廠進行燃料丸與核燃料棒之製作，核燃料棒由鋯合金所製作，主要是因鋯的中子**截面積**（cross section）非常小，中子可以輕易穿透，因此鋯合金可以作為核燃料的管套材料。

一般來說，核子反應爐可依照減速劑以及中子特性的種類分為：輕水反應爐、重水反應爐、石墨反應爐及快中子滋生反應爐。

無論是哪一種形式的核能電廠，產生電能都是使用傳統**朗肯熱力循環** (Rankine cycle) 的方式，它是一種將熱能轉變成動能來驅動發電機組再轉變成電能的過程，是由 19 世紀末由**威廉朗肯** (William Rankine) 針對當時的蒸汽機所提出的有效且完整的熱力學理論。傳統的火力發電廠係使用化石燃料燃燒將工作流體加熱變成蒸氣，而核能電廠乃利用質量消失轉變成熱能來加熱工作流體；因此兩種電廠的差別是在於熱能產生的方式。

小博士解說

核電廠的燃料棒在使用一段時間後，維持核反應的能力會逐漸降低，但在燃料棒中仍然存在許多高放射性的元素，因此在處理上與一般大眾所常看到的黃色桶裝低放射性廢棄物有所不同。廢棄燃料棒取出後必須先安置於專用於核子燃料的水池中持續進行冷卻，第二階段則置入乾式儲存箱中進行儲存。這些廢棄燃料棒的最終階段處理有兩種方式：
(1) 永久掩埋法：安置於地殼穩定且可永久與人類生活隔絕之處；(2) 回收再處理：萃取其中殘留的鈾與鈽元素，製作成混合氧化物核燃料並重新回到反應爐中使用，例如：發生意外的福島第一核能電廠 3 號機即有使用回收燃料棒，其他無法回收使用的物質最後還是得使用永久掩埋法安置。

• 核能電廠使用燃料準備過程與回收示意圖

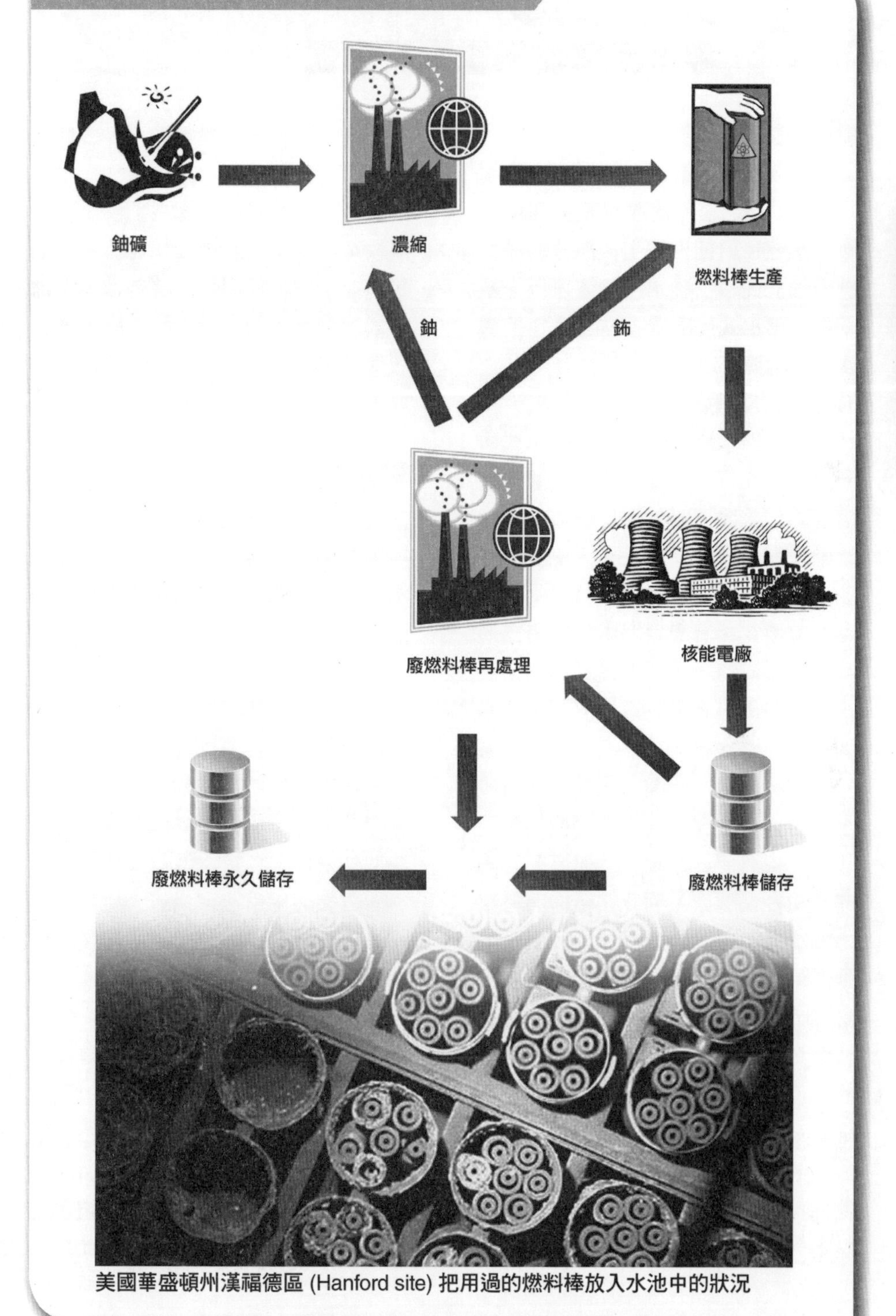

美國華盛頓州漢福德區 (Hanford site) 把用過的燃料棒放入水池中的狀況

UNIT 4-5

輕水反應爐與重水反應爐

輕水反應爐

所謂輕水反應爐，係指使用水（H_2O）作為工作流體以及減速劑的核反應爐，目前世界上大部分的核反應爐屬於此類；輕水反應爐可以分為兩種：**壓水式反應爐**（PWR）以及**沸水式反應爐**（BWR）。

1. 壓水式反應爐

在所有輕水反應爐中，以壓水式居多，約六成五。在壓水式反應爐中有兩個工作流體迴路，在反應爐心爐迴路中，壓力約保持在 150 大氣壓，在此迴路中，水沸點可達 343ºC；此迴路的流體在蒸汽產生器中加熱第二迴路的工作流體，水蒸氣推動汽渦輪機後帶動發電機發電，汽輪機流出的水與蒸汽經過冷凝後，再由伺水馬達送回蒸汽產生器，此種反應爐的體積較小、供率密度大，且汽渦輪機不易受放射污染而便於保養，然而高壓容器需承受較大壓力，因此在結構與材料上較講究。台灣的第三核能發電廠就是使用兩部壓水式核能發電機組。

2. 沸水式反應爐

這是另外一種常見的輕水反應爐，此種反應爐在爐心直接產生高溫蒸汽推動汽渦輪機，對水冷凝後再由伺水馬達泵回反應爐爐心，在爐心中的水約保持在 75 個大氣壓，使得水的沸點上升至 285ºC。由於此系統只有單一迴路，所以汽渦輪機會受到放射性污染，造成維修不便，但此種反應爐爐心壓力較低、結構較簡單，因此建置費用也較便宜。台灣的第一、第二核能發電廠就是各配備兩部沸水式核能發電機組；至於第四核能發電廠則是建置第三代反應爐稱之為**進步型沸水式反應爐**（ABWR），該發電機組與傳統沸水式反應爐相較，具備較高效率以及更多層次的安全防護系統。

重水反應爐

在輕水式反應爐中，需要將鈾燃料棒中的鈾-235 濃度提高到 3%，在重水反應爐中使用低濃縮鈾或天然鈾，即產生核反應，此反應爐所使用的中子減速劑為重水（D_2O），其中 D 所代表的是氘，或稱為重氫，也就是原子核中有一個質子以及一個中子的原子，在自然界中存在的比例約為七千分之一。重水反應爐係以壓水式反應爐型式建造，以重水進行反應爐心循環，雖然使用重水可以省去燃料濃縮的成本，但重水的製備相當昂貴。重水反應爐的優點在於能產生較多的鈽，而鈽也是可以產生核分裂的元素，不僅如此，此種反應爐也是提供原子彈的重要設施之一；此外，重水反應爐可以回收輕水反應爐使用後的核燃料而繼續產生熱能發電。目前常見的有加拿大製造的 CANDU 重水反應爐，另中國浙江秦山核電廠共有六個核反應爐，其中第三期一號與二號機組即是重水反應爐。

壓水式核能電廠系統示意圖

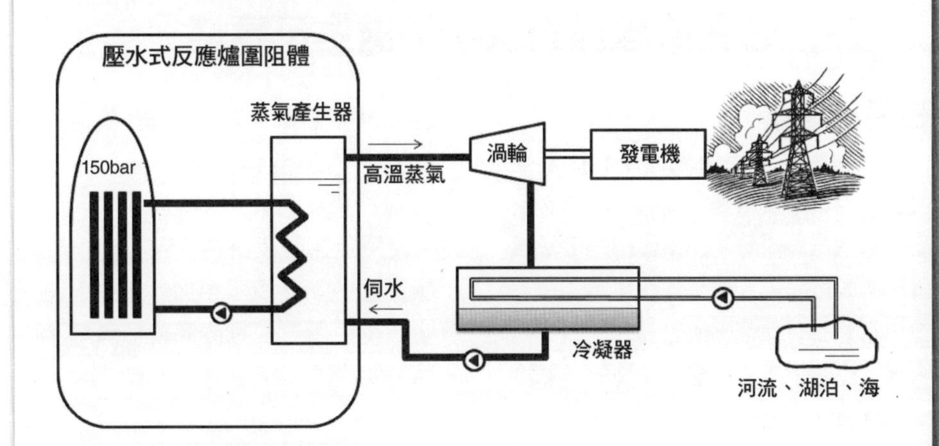

沸水式核能電廠示意圖

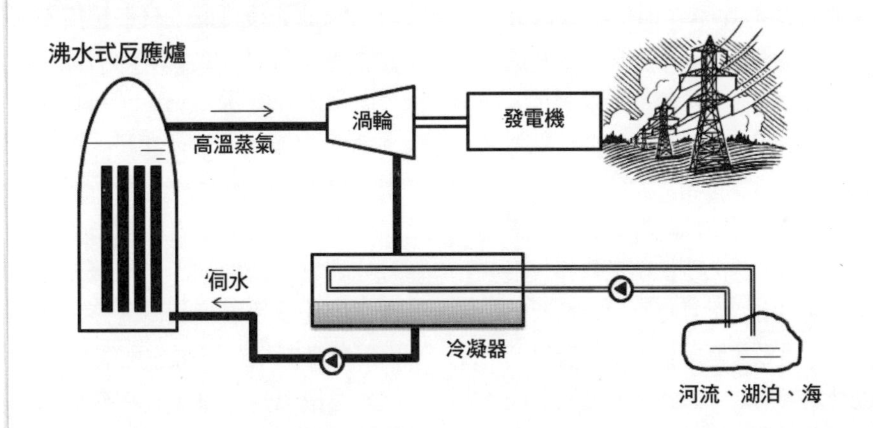

重水反應爐的優點

1 可以產生較多的鈽

2 提供原子彈的重要設施

3 可以回收清水反應爐使用後的核燃料，繼續產生熱能發電

UNIT 4-6
石墨反應爐與快中子滋生反應爐

石墨反應爐

使用石墨作為中子減速劑的核反應爐，稱為石墨反應爐，此種反應爐必須配合其他工作流體使熱能輸出至發電機組，例如搭配輕水或是氣體作為工作流體，常見的有前蘇聯所設計的「石墨輕水式反應爐」以及英國所使用的「氣冷式反應爐」，茲分述如下：。

1. 石墨輕水式反應爐（RBMK）

因使用石墨作為減速劑，所以可以使用不需濃縮的天然鈾產生核分裂，並且得到很高的功率。前蘇聯所設計的 RBMK 反應爐，安全性令人感到憂慮，其中還有簡易圍阻設計、控制棒設計、垂直式水流管道以及高空泡係數等多項瑕疵。

RBMK 反應爐除了高功率之外，更可在不需停爐的狀態下抽換燃料棒，不僅燃料棒抽換方便，且更易於進行武器鈽的生產，以致在反應器上方裝有龍門型起重機進行吊裝，因此早期連圍阻體都沒有，直到美國發生三浬島事件後，才有部分圍阻體設計；另一方面，由於其高**空泡係數**（void coefficient），因此在核反應器中如果沸騰情況加劇，會使得反應速率增加，造成危險。

RBMK 就是因為這幾項重大設計瑕疵，再加上人為因素與操作違反規定而發生車諾比核能事故。

2. 氣冷式反應爐（GCR）

使用氣體在反應爐中進行取熱的功能，並在熱交換器中加熱水的迴路，使水產生蒸汽而推動渦輪機發電，大部分氣冷式反應爐均為英國所建立。

快中子滋生反應爐

快中子滋生反應爐（Fast breeder reactor）是一種特殊反應爐，原理在於使用快中子將可滋生材料轉變為可分裂燃料，例如：鈾-238 為可滋生材料，而當鈾-238 吸收到中子後會轉化成鈽-239 而變為可分裂燃料。在反應器中，可分裂燃料因核分裂而消耗，另一方面卻因可滋生材料捕獲中子變為可分裂燃料而增加，如果可分裂材料增加的速度快過消耗的速度，這種反應器就稱為快中子滋生反應爐。

此型反應器在反應過程中會逐漸增加可分裂材料而加快反應速率，加上核武問題而受到多方質疑，因此在國際上使用此反應器的國家不多，目前只有中國、日本、俄羅斯與印度有相關開發計畫，而日本的文殊反應器則是在發生液態鈉洩漏後便一直關閉。

小博士解說

空泡係數 (Void Coefficient)：是一種用來衡量核反應爐中，蒸汽氣泡對於核反應爐反應輸出影響的參數，空泡通常是由於工作流體或是冷卻液受熱沸騰所產生的。

• 石墨輕水式（RBMK）反應爐示意圖

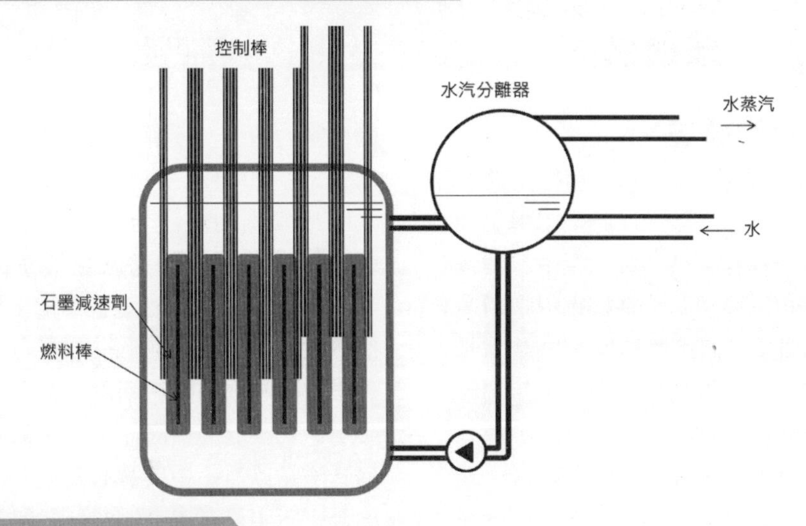

• 氣冷式石墨反應爐

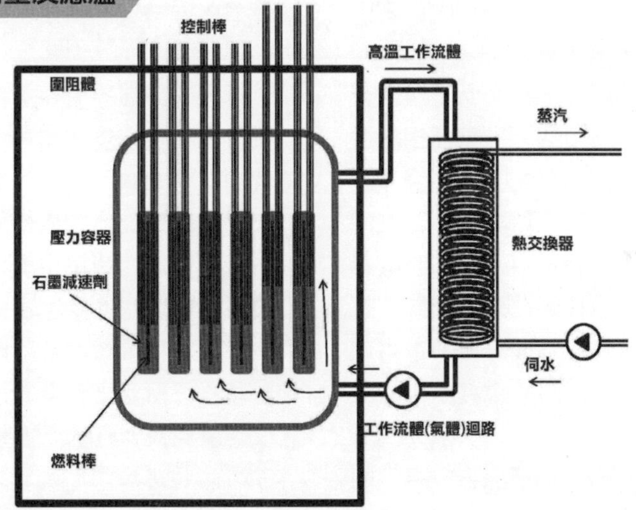

• 鈾-238吸收中子轉變成鈽-239的過程

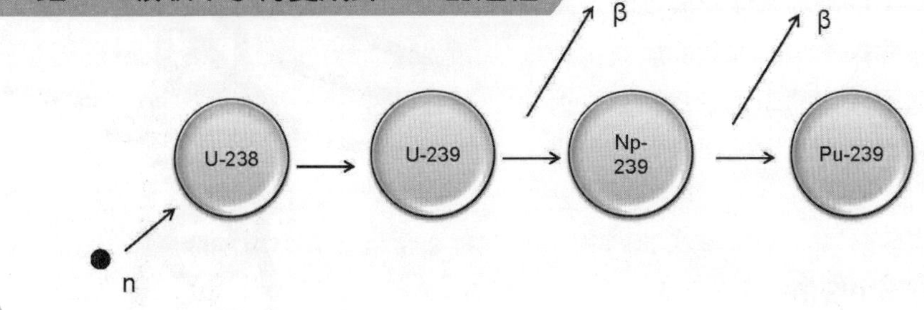

第4章 原子能

UNIT 4-7

核融合

核融合的發生

核融合反應（fusion）剛好與核分裂反應相反，核融合反應是由兩個較輕的原子核互相結合後，產生一個較重核的核反應型式，融核過程中所產生的質量損耗將轉變為巨大的能量。

太陽系的太陽就是通過原子核的核融合反應產生能量，在太陽的中心不斷地將氫融合成氦而產生能量。

不同於核分裂反應，核融合反應在常溫常壓下並不會發生，原子核中的中子與質子藉著**強作用力**（strong interation）而結合，然而原子核因質子而帶正電，當兩個原子核互相靠近時，勢必會造成庫倫力的排斥，因此要產生核融核，就必須在高溫情況下使電子離開原子，而產生**電漿**（plasma），並且要在高壓狀態下讓原子核靠近**核力**（nuclear force）可以作用的範圍內，此時才會發生核融合反應。

核融合可從較小的氫融合成更大的原子，然而更大原子的融合則需要更多的能量使原子核互相靠近，促成靠近所需要的能量稱為庫倫壁壘能量，如果原子核融合後所釋放的能量低於該原子融合所需的庫倫壁壘能量，則無法繼續融合至更大的原子，其分界點為鐵 -56。

核融合的發展

目前人類已經可以在地球上實現不受控制的核融合反應，也就是所謂的氫彈，在氫彈中，包含了核融合氘與氚，以及引發核融合溫度所使用的核分裂彈，引爆時點燃**熱核子武器**（thermal nuclear）將能量釋放，進而引發核融合釋放出更大的能量。

不受控制的核融合反應並不適合民生用途，欲發展核融合發電必須考慮到其優點以及引發反應的困難，在核融合反應中最有潛力的就是氘與氚的融合，因為這個組合的庫倫壁壘能量較低。

氘在大自然界中存量相當豐富，氘與氧會結合成重水，在水中的氘原子就佔有約 6500 分之 1，其分離技術亦不昂貴；然而氚的取得則較為困難，一般來說可以使用中子撞擊鋰，使鋰發生 α 射線並且產生氚。

除此之外，核融合反應所產生的廢料甚少，而且半衰期較短，與核分裂反應爐相較，核融合爐較為潔淨。

原子核力與庫倫排斥力示意圖

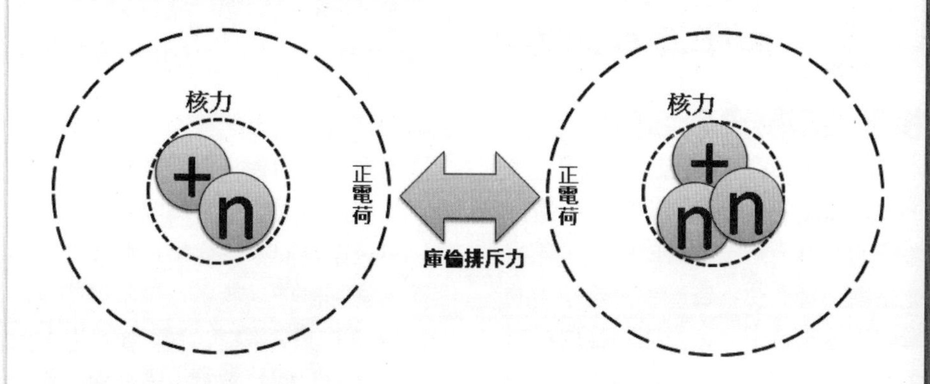

氘與氚融合成氦的過程

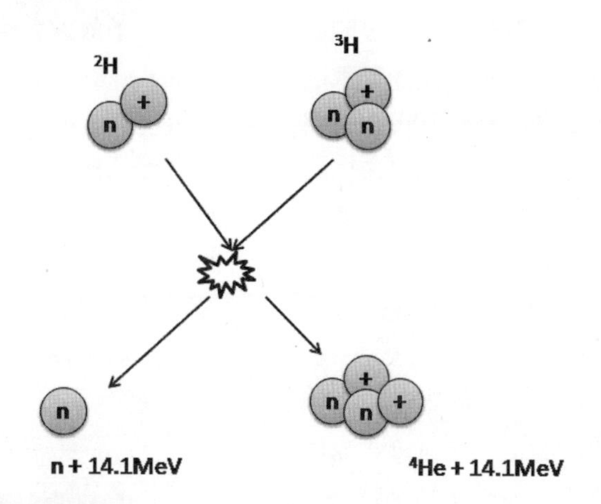

常見的核融合形式

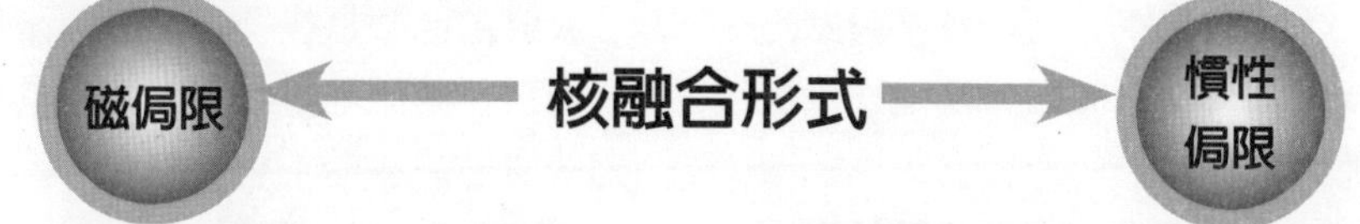

磁侷限是以前蘇聯開發的托卡馬克（Tokamak）較為有名，運用磁場的約束力將電侷限在環狀容器內，以進行核融合反應，在前蘇聯開發該行反應器後，美國、日本、歐洲與中國皆跟進嘗試磁侷限核融合反應器的開發。

慣性侷限是利用高能雷射在同一時間與空間進行能量輸出而造成一個衝擊波，使氘與氚可在這個極高溫與高壓的環境下產生核融合反應。目前較為有名的國際熱核融合實驗反應爐（ITER）以及美國勞倫斯利福摩爾國家實驗室（LLNL）的國家點火設施（NIF），均是利用這種技術。

UNIT 4-8 原子能其他應用

核子醫學檢查與治療

核子醫學，顧名思義就是運用核子物理所產生的反應物或游離輻射進行醫療的行為。所謂的游離輻射，係指能量高、且能使物質產生游離作用的電磁波或是粒子，這方面的醫學技術主要可以分為三種：X 光攝影技術、γ 射線成像、正電子放射影像等。

1. X 光攝影技術

自從 1895 年倫琴發現 X 光，開始了醫學影像技術的起源，從此醫生欲檢查人體內部時就不需要單獨使用觸診，甚至必須進行開刀等侵入性診斷。單純的 X 光照片可以用來診斷骨骼狀況或是軟組織的病變，例如使用胸腔 X 光診斷是否有肺炎或是肺癌等疾病。

隨著 X 光技術以及電腦數位影像處理運算能力的演進，透過 3D 立體攝影與顯像技術，可以達到身體內部三圍重建，這種技術稱為**X光電腦斷層掃描**（X-Ray Computed Tomography, X-CT）。除此之外，X 光已經廣泛地應用在許多醫學領域，例如牙齒攝影、乳房攝影術等。

X 光攝影技術中，可在人體植入顯影劑，例如鋇鹽，以診斷腸胃消化道或是經由注射以探測血管之狀況。

2. γ 射線成像（gamma camera）

進行核子醫學檢查時，會使用口服或是注射方式將放射性同位素注入體內，如醫藥用同位素鉬 -99 鎝 -99 ，即為相當常見的標記藥物，當放射性同位素進入體內後，會因身體某種疾病或病理因此而發生某種成分的累積，以致這些標記藥物會變成病灶的指示劑。當身體注入放射性標示藥物後，這些藥物會在體內衰變而發出 γ 光子，經由閃爍計數器、準直儀、光電倍增管、波高分析器以及位置邏輯控制，即可取得 γ 射線成像。

3. 正電子放射影像（Position emission tomography, PET）

有別於 γ 射線成像，使用正電子放射影像的標記放射藥物並非發出 γ 射線，而是正電子 β 衰變。正電子射出後，會與周圍電子產生碰撞而湮滅，湮滅的過程中產生兩顆光子，相關設備就是藉由探測光子而得到訊號的所在位置，目前正電子放射影像可與成熟的 X 光電腦斷層掃描進行整合，取得較為精確的資訊。

放射線治療

放射線治療是核子醫學的另一個重要項目，其原理是使用高能且具穿透力的電磁波或粒子束進行疾病治療。通常，放射線治療是應用在癌症的治療方法之一。當醫師進行手術清除癌細胞時，會配合化學治療與放射治療，以完全清除癌細胞的存在，最常見的是使用鈷-60 照射，鈷-60 是人工合成的元素，其半衰期為 5.27 年，在製備上是使用中子撞擊鈷 -59 而來。

典型胸腔X光照片

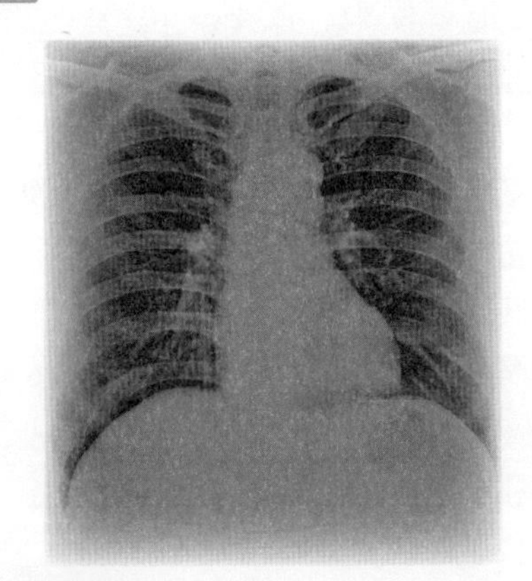

典型胸腔電腦斷層掃描

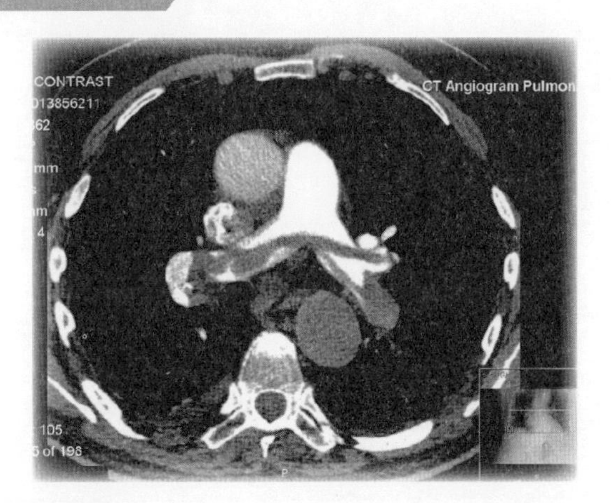

鈷-60 製備與衰變

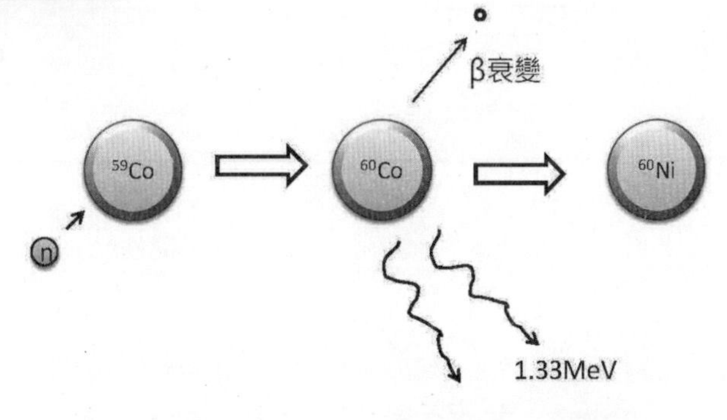

本章小結

在本章中說明了核能的基本原理，其內容包含：核分裂反應以及核融合反應，以及核能應用在醫學上的功能；自 19 世紀末以來，核子工程的和平使用，在 20 世紀有了長足的進步，尤其是在核分裂反應上較為突出，然而核分裂所產生的放射性廢料處理，以及人類歷經三次嚴重核分裂反應爐事故後，使得核能在能源市場中不再受到青睞，儘管核能可說是二氧化碳排放相當少的能源來源。

問答題

1. 核分裂與核融合的差異為何？
2. 目前快滋生反應爐為何鮮少發展？
3. 大部分核能發電廠均設計在河邊或海邊，其原因為何？
4. 何謂臨界質量？
5. 原子彈與核分裂反應爐所用的燃料有何不同？

第5章

能源使用與環境污染

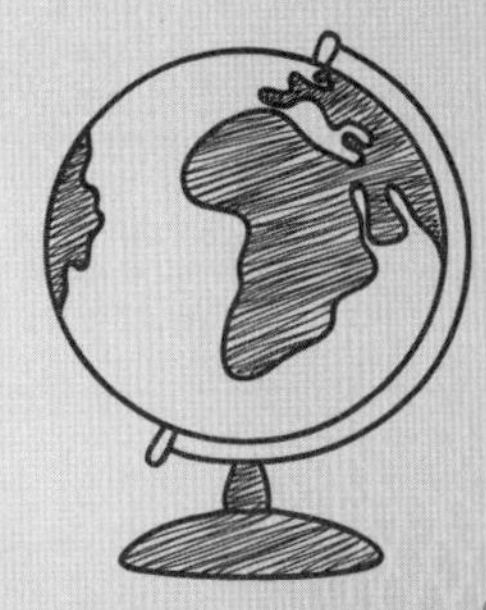

章節體系架構

本章重點

1. 理解何謂溫室效應以及其所造成的氣候變遷。
2. 空氣污染與防治相關議題的了解。
3. 了解水污染與土壤污染以及其對生活的影響。
4. 放射性污染的介紹。

UNIT 5-1
空氣污染的定義與分類

其實污染問題困擾著人類已有好幾個世紀，在大自然界中也有天然發生的污染，隨著人類文明與工業發展，在各種能源與資源運用下，許多危害人們生活環境的污染不斷增加，使得人為污染物排出量已破壞自然界所擁有的包容能力，這個包容能力包括污染物的平衡以及環境的自我潔淨機制，因此整體污染排放的發展已經危及整個地球生態。本章重點在於說明各種污染及其排放對於環境影響的衝擊，以及其對人類的傷害。

本章將各種污染分成：溫室效應、空氣污染、水污染、土壤污染以及放射性污染等主題加以論述。

根據中華民國空氣污染防制法第二條第一項，空氣污染物係指空氣中足以直接或間接妨害國民健康或生活環境之物質。許多人會誤以為空氣污染物是由人類所製造，其實有許多空氣污染物是在大自然界中產生的，例如：森林火災或火山爆發之火山灰、火山氣體。在分類上，空氣污染物又可以區分成粒狀污染物以及氣狀污染物；也可以依據是有機或者是無機物進行分類。我們平常都會注意到大氣污染的問題，而忽略了室內空氣污染的嚴重性，在室內空氣污染中，以一氧化碳中毒最為致命，而且是經由我們平常煮食或是洗澡水加熱過程中所產生的。大部分的人都誤會人類所製造的空氣污染物大於天然產生的，其實在大氣環境中，天然產生的空氣污染物大於人類所製造的，然而地球大氣的自我潔淨能力卻會在人類排放多餘污染物後，失去原有的平衡。

根據中華民國空氣污染防制法第二條第二項，空氣污染源係指排放空氣污染物之物理或化學操作單元，污染源的種類可以分成許多種。

小博士解說

《京都協議書》(*Kyoto Protocol*)

為1997年12月在日本京都所召開，聯合國氣候變化綱要公約參加國三次會議所制定的條款，其目標為「於未來將大氣中的溫室氣體穩定地控制在一個適當的水準，以確保生態系統能夠適應、食物的生產可以獲得保障並且在經濟上可以永續發展」。由於擔憂經濟發展會造成嚴重影響，因此美國拒絕加入該條約。

《京都協議書》的期限本來是在2012年到期，目前已經展延至2020年，也因此原先要取代《京都協議書》的《哥本哈根協議書》暫時受到擱置。

空氣污染分類表

空氣污染種類		分類	舉例
大氣空氣污染	粒狀污染物	人為	1. 化石燃料燃燒所產生的煙 2. 香菸 3. 重金屬微粒 4. 石棉
		天然	1. 沙塵 2. 火山灰 3. 森林火災
		氟氯氫類	傳統冷媒、噴霧推進劑等
	氣狀污染物	致癌或有毒	VCOs、一氧化碳、戴奧辛等
		酸性氣體	硫氧化物、氮氧化物
		光煙霧	氮氧化物與紫外線反應物
		其他	臭氧
室內空氣污染	包含氣狀與粒狀污染物	裝潢與家具衍生	有機溶劑、甲醛
		廚房與加熱	一氧化碳、氮氧化物、VOCs
		其他	二手菸、殺蟲劑

空氣污染源分類方式

分類方式	種類
是否會移動	移動式污染源、固定式污染源
空間污染型態	點（工廠）、線（車輛）、面狀（森林火災或農業焚燒）污染
來源	化石燃料衍生污染（燃燒廢氣）、 非化石燃料燃燒污染（營建、沙塵、畜牧）

UNIT 5-2 空氣污染的傳播

當空氣污染物生成後，其傳播主要有兩種因素：

1. **污染物的濃度梯度所造成的物質擴散**
2. **空氣流動（風）促使污染物產生傳送的現象**

大氣中，風的主要能量來自於太陽，當太陽照射或地表冷卻時會使得空氣密度產生改變，由於壓力的變化而促使風的生成，風係由高壓處吹向低壓處，當壓力變化越劇烈時，風的強度也就越大。

白天由於陸地的比熱小，溫度上升快，使得氣流上升，海面上的空氣會來遞補往上飄的空氣而產生海風；相反地，當黑夜來臨時，陸地的比熱比水小，溫度下降比水面還要來得快，因此會產生陸風現象。至於城市區域中，水泥建築與柏油路的比熱比土地來得小，而且在都市中有大量汽車與人為活動，使得周圍空氣溫度上升，城郊的空氣遞補到都市區域而產生熱島效應。

上述幾種風的產生，對於都市或工業區的污染物傳遞都會產生影響，透過風的傳遞會使得污染物四散飄揚。

另一方面，地形或是建築物也會影響污染物的擴散，例如：煙囪高度不夠導致因建築物的影響而產生**迴洗流**（backwash）之狀況，當迴洗流產生時，空氣污染物會被沉降到我們的生活周遭。

小博士解說

空氣污染指標：

根據行政院環保署的定義，空氣污染指標為依據監測資料將當日空氣中懸浮微粒 (PM10)(粒徑 10 微米以下之細微粒)、二氧化硫 (SO_2)、二氧化氮 (NO_2)、一氧化碳 (CO) 及臭氧 (O_3) 濃度等數值，以其對人體健康的影響程度，分別換算出不同污染物之副指標值，再以當日各副指標之最大值為該測站當日之空氣污染指標值 (PSI)。

PSI	0-50	51-100	101-199	200-299	≧300
健康影響	良好	普通	不良	非常不良	有害
人體健康	身體健康無影響。	對敏感族群健康無立即影響。	對敏感族群會有輕微症狀惡化的現象，如臭氧濃度在此範圍，眼鼻會略有刺激感。	對敏感族群會有明顯惡化的現象，並降低其運動能力；一般大眾則視身體狀況，可能產生各種不同的症狀。	對敏感族群除了不適症狀顯著惡化並造成某些疾病提早開始；減低正常人的運動能力。

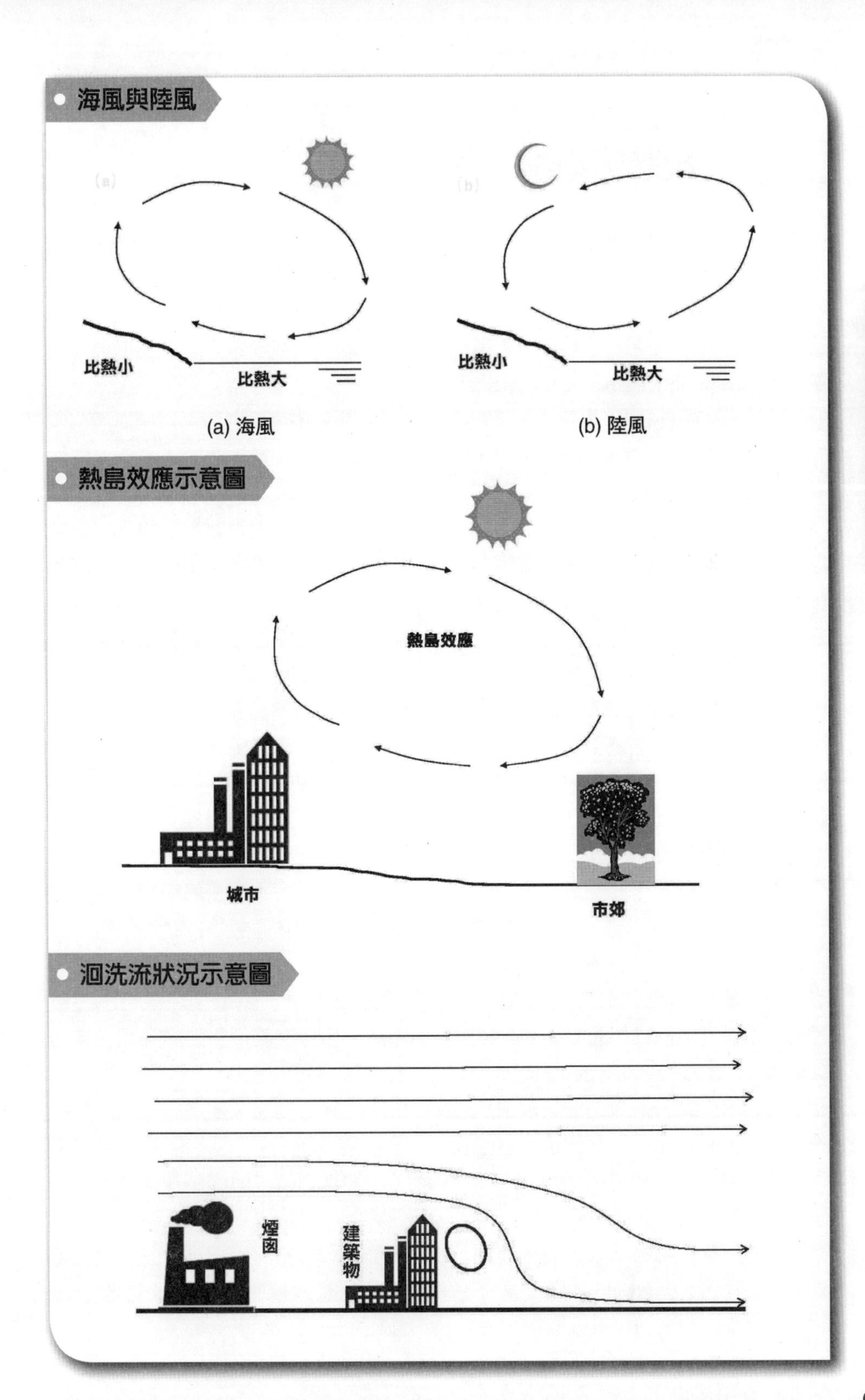

海風與陸風
(a)
(b)
比熱小
比熱大
比熱小
比熱大
(a) 海風
(b) 陸風
熱島效應示意圖
熱島效應
城市
市郊
迴洗流狀況示意圖
煙囪
建築物

UNIT 5-3 空氣污染的種類（一）：粒狀污染物

粒狀污染物（particulate matter, PM）是空氣污染物的一種，其組成為固體顆粒或是微細液滴，當粒狀污染物的直徑小於10 μm時，稱為**可吸入懸浮粒子**（respirable suspended particle, RSP），或稱為 PM10；當粒狀污染物的直徑小於 2.5 μm 時稱之為 PM2.5，這些微細粒狀污染物一旦進入肺部後，累積在肺泡或者是氣管中，會對身體造成健康上的影響，在大氣中存在許多自然存在以及人為產生的粒狀污染物。

粒狀污染物的成分相當多元，如：塵土中含有各種礦物或碳酸鹽與矽酸鹽等、靠近海邊的空氣中亦瀰漫著海鹽粒狀污染物、火山爆發與火山灰、花粉、森林火災以及燃燒化石燃料所產生的碳煙、硫酸或硝酸細霧等。

當粒狀污染物懸浮於空氣時會產生一種分散狀的形態，又稱為**氣溶膠**（aerosol）；自然界中的雲霧就是氣溶膠的一種。氣溶膠的存在不僅會影響太陽輻射到地面的能量，更會形成**凝結核**（cloud condensation nuclei）而影響雲的生成，進而造成氣候變遷的結果。不僅如此，粒狀污染物也是許多其他污染物的載體，例如：有機多環芳香烴污染物會吸附在粒狀污染物上，當粒狀污染物進入人體後而釋放並且很容易產生致癌的效果。

粒狀污染物的來源可以分成：(1)非逸散型及 (2)逸散型，其定義在於是否有固定管道排放。

1. 非逸散型污染源

主要有工廠煙囪排放以及車輛排氣管之排煙。

2. 逸散型污染源

則指沒有設置排放管道，直接將粒狀污染物排放於大氣中之物理或化學操作，包括排放粒狀污染物之工廠製程作業、引起揚塵之車輛行駛、產生粉塵之營建工程施工、裸露地、露天燃燒及農業操作等（**資料來源**：行政院環境保護署）。

為改善空氣品質，我國於 2009 年頒布《固定污染源逸散性粒狀污染物空氣污染防制設施管理辦法》，針對公私場所可能引起揚塵之各項製程作業，規範其應設置或採行之空氣污染防制設施。本辦法適用對象為營建工程以外，具逸散性粒狀污染物之公私場所固定污染源，包括港區、砂石採集/處理業、鋼鐵冶煉業、水泥製造業、預拌混凝土製造業、瀝青拌合業、建築用陶土/黏土製造業等，及相關堆置、裝卸、輸送、運輸、開採等作業；此外，亦將地表裸露域區（土地重劃區、河床高灘地及道路分隔島）一併納入管制，全面納管逸散性粒狀污染物污染源（參見行政院環境保護署逸散性粒狀污染物管制專頁）。

● 粒狀污染物分類圖

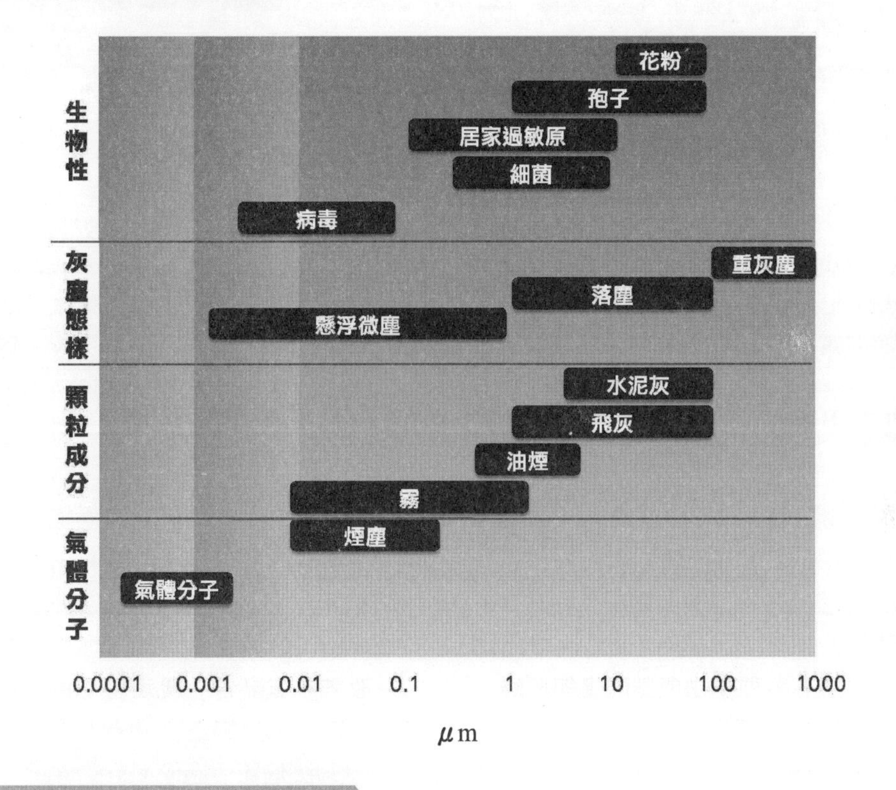

● 粒狀污染物空氣品質標準

項目	標準值		單位
總懸浮微粒（TSP）	24小時值	250	μg / m^3（微克／立方公尺）
	年幾何平均值	130	
粒徑小於等於十微米（μm）之懸浮微粒（PM_{10}）	日平均值或 24 小時值	125	μg / m^3（微克／立方公尺）
	年平均值	65	
粒徑小於等於2.5微米（μm）之細懸浮微粒（$PM_{2.5}$）	24 小時值	35	μg / m^3（微克／立方公尺）
	年平均值	15	

資料來源：係根據中華民國101年5月14日行政院環境保護署環署空字第1010038913號令第二條，定義各項空氣污染物之空氣品質標準規定，即對粒狀污染物訂出標準。

UNIT 5-4 空氣污染的種類（二）：氣狀污染物

所謂氣狀污染物係指污染物以氣態形式存在，本書僅針對氮氧化物（NO_x）、硫氧化物（SO_x）、**一氧化碳**（carbon monoxide）及**揮發性有機物**（volatile organic compunds, VOCs）進行說明。

氮氧化物

除了自然界閃電等高溫所產生的氮氧化物（以下簡稱 NO_x）之外，人類所產生的 NO_x 約 70%，而且產生的大部分發生在各種內外燃機中燃燒反應過程所產生；NO_x 的來源主要是來自於含氮物質的燃燒以及空氣中氮氣的參與反應，所謂的 NO_x，係指 NO 與 NO_2，NO 在空氣中會與氧氧化成 NO_2。在煤炭的燃燒過程中即會因燃料中有鍵結氮而產生 NO_x ，一般來說，對於不含氮燃料的反應中， NO_x 的生成主要又可分成兩種：(1) Thermal NO；(2) Prompt NO。高溫的燃燒過程中，因高溫產生的 NO_x（Thermal NO）主要是以 Zeldovich（1946）的生成機構來表示：

$$O + N_2 \rightarrow NO + N$$
$$N + O_2 \rightarrow NO + O$$
$$N + OH \rightarrow NO + OH$$

其中的關鍵速率在於氮氣三鍵的裂解，該鍵的裂解能量需要 941 KJ/mole（Hayhurst and Vince, 1980），而其裂解溫度必須大於 2000 K，因此，當燃氣溫度高於 2000 K 以上時，Thermal NO 會急速增加。Millerm 與 Bowman 在 1989 年的研究中提到，以甲烷為燃料且 φ 值於 1.37 之情況下，燃燒溫度約為 1800 K ，此時 Thermal NO 的產生量可被忽略，其研究更說明 Thermal NO 在燃燒化學當量比（φ 值）介於 0.8 至 1.0 之間時最大。因為 Thermal NO 的反應速率比較慢，所以大部分 Thermal NO 主要產生於**後火焰**（Post-flame）中，無法以 Zeldovich 的反應機制來描述主要反應區中快速產生的 NO，而 Fenimore 在 1971 年認為在主反應區中快速產生的 NO 必定與碳原子或碳氫原子有關，故提出關於在主要反應區中快速產生 NO 的反應機制，也就是說，碳氫燃料的火焰係透過以下的反應式：

$$CH + N_2 \rightarrow HCN + N$$

再轉化出 NO 的反應機構。在Bartok 等人（1972）的文獻中發現，當 φ 值大於 0.9 之後，NO 主要由 Fenimore NO 所主導，而且當 φ 值接近 1.2 時達到最大值。當 φ 值大於 1.2 之後，Fenimore NO 逐漸減少。

Fenimore NO 的產生機構係屬於 Prompt NO 中重要的一種反應機構，但是 Prompt NO 還包含另外兩種：Superequilibrium NO 與 N_2O 轉化 NO，前者係當 φ 值小於 0.8 時，也就是 Thermal NO 與 Fenimore NO 的量均很少時，才顯得重要，而後者則是在燃煤或燃重油的系統中才顯得重要（Bowman, 1992）。

機動車輛的氮氧化物排除必須針對不同引擎形式加以區分：

(1) 以汽油引擎來說，由於排氣中含氧量極低，因此可以使用三元觸媒進行氮氧化物的還原，在氮氧化物的還原過程中，必須有少量未燃碳氫化合物方能進行氮氧化物的還原。

(2) 以柴油引擎來說，由於排氣中還有氧氣，因此無法使用三元觸媒進行還原，目前較為成熟的方法係採用選擇性觸媒反應器進行還原，該技術必須搭配氨進行混合反應，若是車輛配備此種後處理器時，必須攜帶較為方便的尿素水溶液作為反應物，並進行反應。

$$4NO + 2(NH_2)_2CO + O_2 \rightarrow 4N_2 + 4H_2O + 2CO_2$$

機動車輛氮氧化物廢氣處理

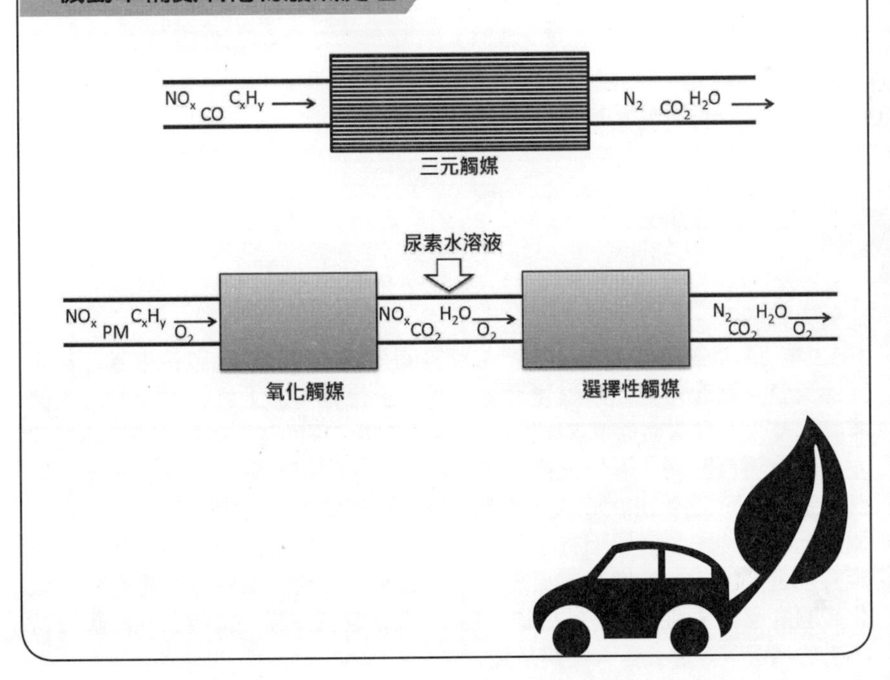

UNIT 5-5 空氣污染的種類（三）：氣狀污染物

硫氧化物

硫氧化物（SO_x）指的是包含一氧化硫、二氧化硫以及三氧化硫，其中一氧化硫甚少存在，最常見的是二氧化硫，而三氧化硫溶於水會變成硫酸，工業上可以藉由觸媒進行製造。

硫氧化物污染可從燃燒化石燃料以及銅礦業所產生，例如：煤炭、含硫重油等燃燒產生。除此之外，提煉銅時必須先針對銅礦進行鍛燒再進行還原冶煉，以常見的**黃銅礦**（chalcopyrite）來說，其化學成分為銅、硫，與鐵，因此進行鍛燒時勢必產生大量二氧化硫氣體。硫氧化物在空氣中會與水分結合形成酸霧，最著名的例子是 1952 年英國倫敦發生硫氧化物所導致的**大霧事件**（Great Smog of 1952）。

為了有效控制交通運輸車輛所使用的柴油引擎污染排放，並且搭配觸媒後處理器等技術以及防止觸媒毒化並顧及污染的排放，我國內柴油的含硫量已經低於 50 ppm。

工業上為了抑制硫氧化物的排放，一般可以使用廢氣脫硫法進行廢氣後處理，假如廢氣中含有大量的硫氧化物，可以進行濕式硫酸吸附，不僅可以除去部分硫氧化物，更可將這些廢氣轉變成工業用重要原料：**硫酸**。

在一般廢氣脫硫技術中，可以使用鹼性吸附劑進行處理，例如石灰岩，處理方法又可以分成濕式脫硫、噴霧脫硫二種。

小博士解說

倫敦大霧事件

1952 年 12 月正值寒冬，高氣壓覆蓋英國全境上空，給倫敦帶來寒冷和大霧的天氣。倫敦市民使用煤炭取暖，再加上倫敦街道上逐漸增加的內燃機車輛以及火力發電廠燃燒煤炭所排放的污染物，因而產生酸鹼值 PH 等於 2 左右的高濃度酸霧，導致人們眼睛刺痛、呼吸困難、發生心臟病與支氣管肺炎者共計死亡約 12,000 人，這就是駭人聽聞的「倫敦大霧事件」。

釀成此次事件的主要原因有：冬季取暖燃煤和工業排放的煙霧，而逆溫層現象則是幫凶。由於燃煤發電及取暖的關係，促使空氣中懸浮微粒和二氧化硫濃度遞增（其濃度是以往的六倍），白霧變為黑霧，當時又在高壓滯留不去的情況下，導致重大疾病及死亡。

常見廢氣脫硫設施

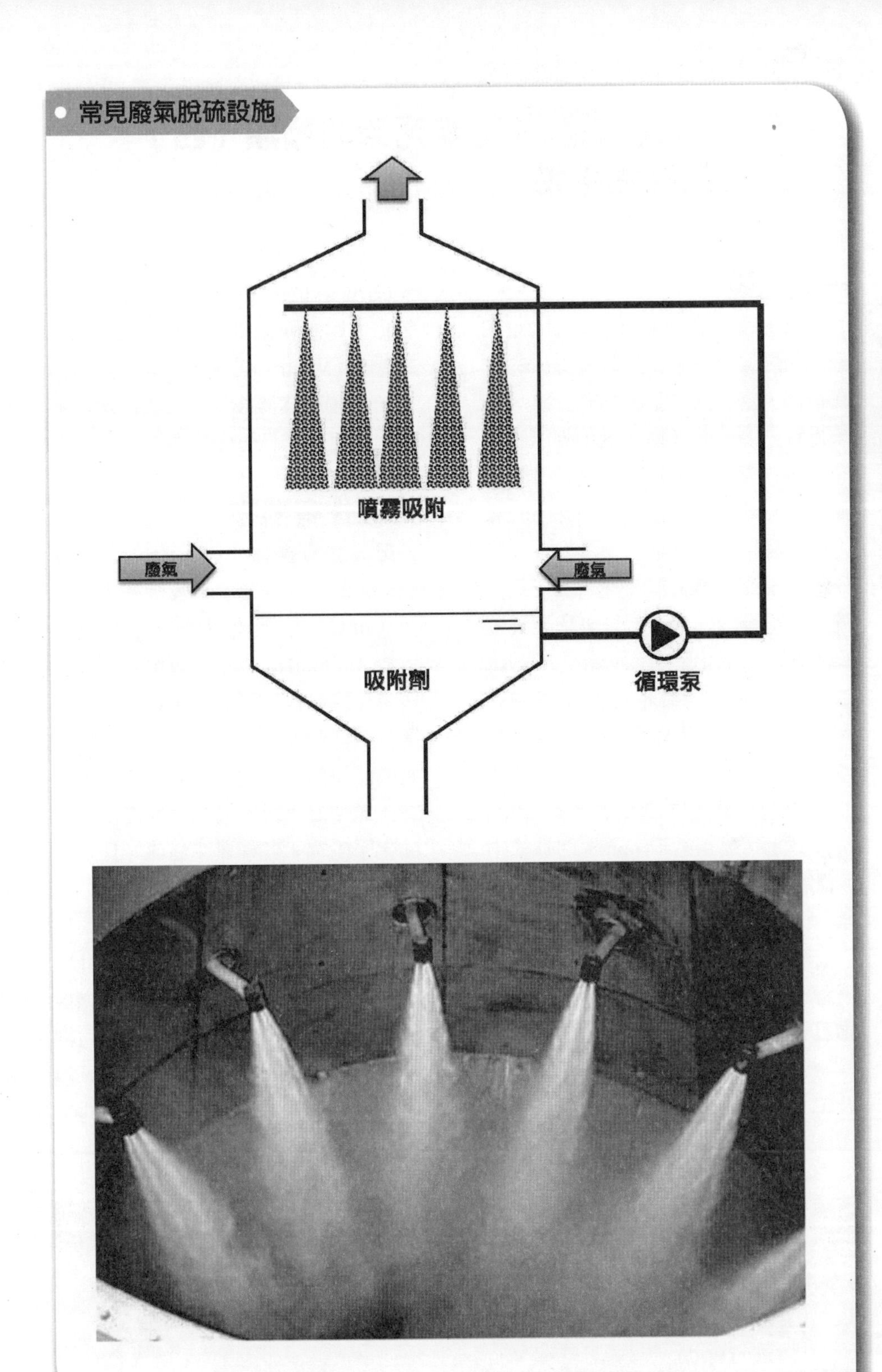

UNIT 5-6 空氣污染的種類（四）：氣狀污染物

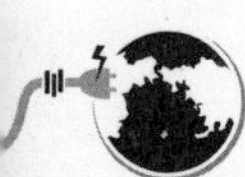

一氧化碳

一氧化碳（carbon monoxide）是在碳氫類燃料燃燒不完全時所釋放的有毒氣體，當氧氣含量不夠充分時，燃燒過程中的中間產物一氧化碳無法被完全氧化成二氧化碳，一氧化碳本身無色、無味、無刺激性，因此，光靠人的感官相當難辨識。

民生用瓦斯燃燒器（熱水器、瓦斯爐）、車輛內燃機、鍋爐等燃燒裝置均會排放一氧化碳，而一氧化碳的排放濃度則與燃燒器本身操作狀態有關，例如：在冬天緊閉陽台中操作熱水器時，會產生大量一氧化碳，並使空氣中的一氧化碳濃度提升到 1000 ppm 以上，甚至數千 ppm，而造成中毒死亡，但在通風狀態下，一般熱水器的一氧化碳排氣約佔 5-20 ppm。

一氧化碳中毒與人體輸送氧氣機制有關，人類輸送氧氣依靠血液中的**血紅蛋白**（Hemoglobin, Hb），在正常呼吸作用下，血紅蛋白可與氧氣以及二氧化碳結合；然而血紅蛋白亦可與一氧化碳結合形成**羰血紅蛋白**（Carboxyhemoglobin, COHb），一氧化碳與血紅蛋白的結合力是氧氣的 240 倍（West, 1995），一旦血紅蛋白被一氧化碳佔據後，即失去輸送氧氣功能而導致窒息死亡。

揮發性有機物

揮發性有機物（volatile organic compounds,VOCs）一般指在沸點低於 100ºC，且於 25ºC 下之蒸氣壓力大於 10^{-1}mmHg 以上之有機化學物，按其化學結構的不同，可以分成石油腦及烷烯類、環狀芳香烴類、各種含氧醇醛酮類、鹵化烷類等，這些物質在空氣中的來源不外乎燃料燃燒、石油化學工業、各種建築油漆、民生衣物乾洗等。

大部分的揮發性有機物具有致癌性、神經性傷害、皮膚炎或者是肝腎毒性等問題，在工業上可以使用燃燒法或是吸附法加以處理；至於室內環境中也有許多揮發性有機物污染，包括：裝潢殘留的甲醛、油漆中的甲苯、香菸中的致癌有機物等。

分類	蒸氣壓（mmHg）	舉例
揮發性有機物（VOC）	$>10^{-1}$	酒精、甲醇、乙醚
半揮發性有機物（semi VOC）	$>10^{-7}$	多氯聯苯、戴奧辛等
非揮發性有機物（non- VOC）	$<10^{-7}$	苯芘、聚苯乙烯

一氧化碳濃度與人體症狀

空氣中濃度	人體症狀
35 ppm	暴露 6-8 小時會有頭暈的症狀
100 ppm	暴露 2-3 小時會有輕微頭痛的症狀
200 ppm	暴露 2-3 小時會有輕微頭痛的症狀並且失去判斷力
400 ppm	暴露 1-2 小時會有前額頭痛的症狀
800 ppm	暴露 45 分鐘會有頭昏、噁心、甚至抽搐的症狀；暴露 2 小時失去意識
1,600 ppm	暴露 20 分鐘會有頭痛、心跳加速、暈眩、噁心症狀，暴露 2 小時以內死亡
3,200 ppm	暴露 5-10 分鐘會有頭痛、暈眩、噁心症狀，暴露 30 分鐘內死亡
6,400 ppm	暴露 1-2 分鐘會有頭痛暈眩症狀，暴露 20 分鐘內死亡
12,800 ppm	暴露 2-3 個呼吸會失去意識，暴露 3 分鐘內死亡

2009~2013年國內因一氧化碳中毒事件統計

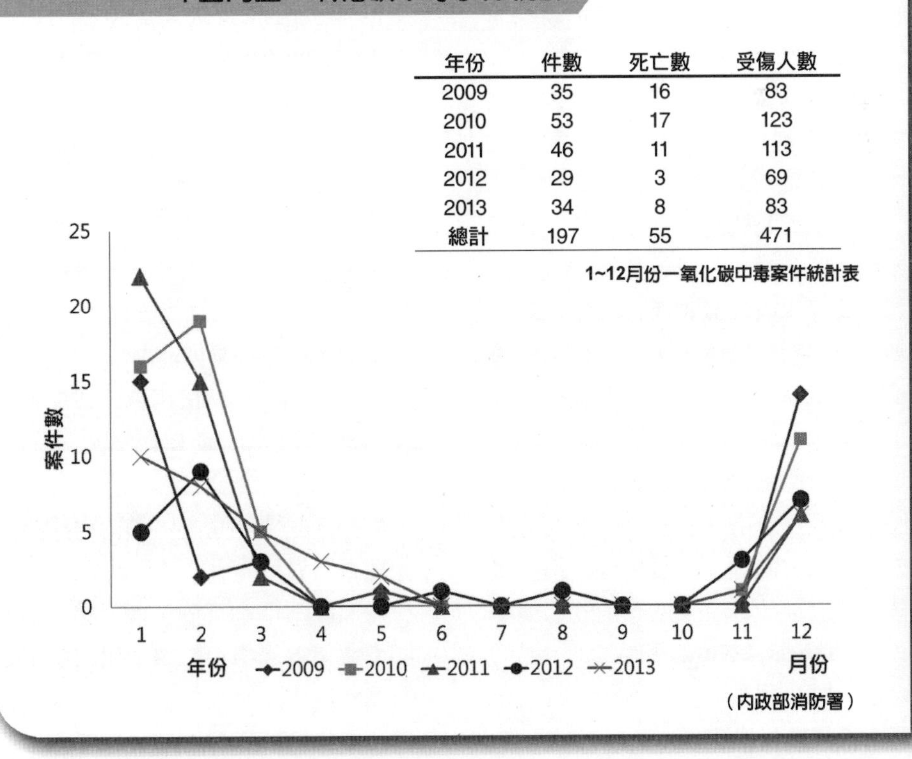

年份	件數	死亡數	受傷人數
2009	35	16	83
2010	53	17	123
2011	46	11	113
2012	29	3	69
2013	34	8	83
總計	197	55	471

1~12月份一氧化碳中毒案件統計表

（內政部消防署）

UNIT 5-7 空氣污染的延伸

光化學煙霧

工業燃燒或機動車輛所排放的氮氧化物（NO_x）以及揮發性有機物，在空氣中受到陽光紫外線的照射後形成的化合物，其所造成的霧狀污染稱為光化學煙霧。

由於光化學煙霧是經過其他化學反應而生成，因此列為空氣污染的衍生性污染。

在許多大都會的上空會有光煙霧產生，當我們站在城郊往都市觀望時，如果都市被一股橘紅色薄霧籠罩著，即是光煙霧現象。雖然光煙霧的化學反應相當複雜，但其基本原理與架構仍可簡略表示。

光煙霧的主要引發成分有：氮氧化物、揮發性有機化合物（碳氫化合物）、陽光（紫外線）及氧氣。

當車輛行駛或是工業燃燒時，會釋放出一氧化氮，一氧化氮在空氣中會與氧反應生成二氧化氮，二氧化氮受到紫外線照射後會產生一氧化氮與氧原子，氧原子會與氧氣反應生成臭氧（O_3）。

此外，空氣中的碳氫化合物會與氧原子以及臭氧或氫氧根自由基反應生成碳氫類自由基，碳氫類自由基與氮氧化物反應後會產生**過氧硝酸乙醯酯**（Peroxyacetyl Nitrate, PAN），已知是對人體具刺激性且致癌的物質，並且會造成植物病變。

酸雨

當污染物從工廠或是車輛排出後進入大氣，依照污染物的型態可以分成氣狀污染物及粒狀污染物，當污染物混入雲中或是粒狀污染物形成凝結核時即會產生濕性沉降。

一般來說，由於大氣中含有少量二氧化碳，因此在降雨過程中，部分二氧化碳溶解在雨水中，而使天然雨水呈現弱酸性。

然而，由於空氣中的污染物，使得降雨的酸度更酸，其中以氮氧化物、水產生硝酸，以及硫氧化物所產生的亞硫酸或者硫酸為主，當酸鹼度 PH 值低於 5.6 時，稱為**酸雨**（acid rain）。

在大自然中，仍存在其他制酸物質，例如，海洋所釋放出的硫化氫、閃電所導致之氫氧化物、火山爆發所噴發的硫化氫，均會使雨水進一步酸化。

酸雨的影響相當廣泛，如：

1. 在自然界中，酸雨會造成湖泊以及海洋的酸化，進而影響生物的生存。

2. 對人類文明來說，酸雨會腐蝕以大理石為素材的古代建築或雕像。

雖然酸雨不會直接傷害人類，但是酸雨會使得土壤中的重金屬溶解而進入食物鏈中，當人類取食受污染的食物，則會身受其害。

大氣中光煙霧的化學反應關係

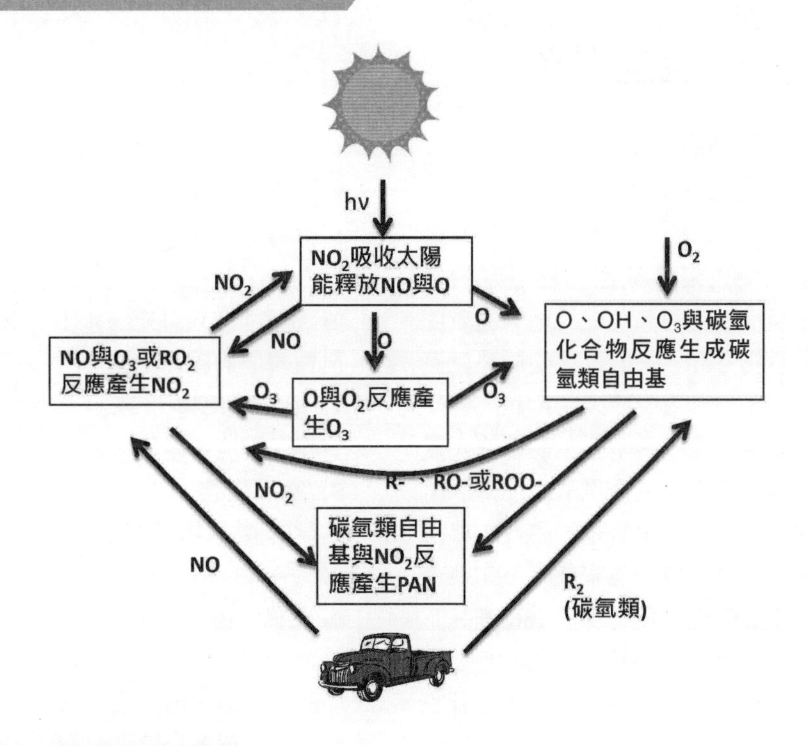

乾性沉降與濕性沉降

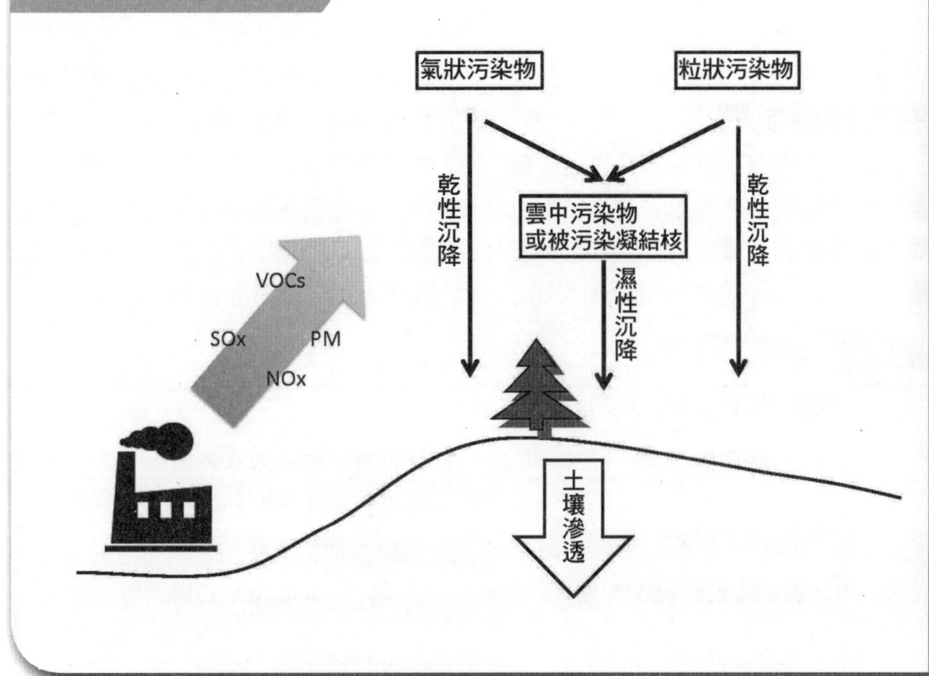

UNIT 5-8

溫室效應

溫室效應的形成

所謂的**溫室效應**（Green House Effect），係指大氣層吸收太陽輻射能量，使大氣中氣溫相對穩定的效應，溫室效應的存在使得地球的環境適合生物生存，一個星球如果缺乏溫室效應，則會造成極大的溫差，相反地，如果溫室效應太強，則會使大氣溫度過高而造成生物無法生存。以水星及金星為例，水星是一個大氣非常稀薄的星球且缺乏溫室效應，在地表的最低溫度可達攝氏零下 180 度，而日照區則會高達攝氏 30 度，而金星是一個大氣中含有 96.5% 二氧化碳的星球，由於溫室效應的關係，金星地表的溫度從未低於攝氏 400 度，地表上連金屬鉛都會被熔化。

溫室效應氣體

許多研究指出，人為的釋放溫室氣體已經造成地球上的溫室效應增加，並造成全球暖化現象，常見的溫室氣體有：

1. **水蒸氣**
2. **二氧化碳**：來自於煤、石油、天然氣等化石燃料，所佔比例最大，約為 55%。
3. **甲烷**：來自牲畜、水田、掩埋場及機車的排放。
4. **氟氯碳化物** ：來自於冷媒、清潔劑、發泡劑等等。
5. **氮氧化物**：來自於石化燃料的燃燒、微生物及化學肥料分解所排放。
6. **硫氧化物**

雖然二氧化碳是溫室效應氣體的主要元凶，但部分溫室氣體的溫室效應潛勢比二氧化碳還高。由於能源是人類維持文明的重要因素，因此取得能源同時所釋放的二氧化碳量需要我們加以審視。很顯然地，最少二氧化碳的燃料為甲烷（天然氣），雖然木材的二氧化碳排放量相當高，但是木材屬於生質燃料，其碳循環週期短，因此在溫室效應上不予考慮。

小博士解說

溫室效應對人類生活的危害：

1. 病毒的死灰復燃
2. 海平面上升
3. 氣候反常，極端天氣多
4. 土地沙漠化
5. 加速沿岸沙灘被海水沖蝕，地下淡水被上升的海水推向更遠的內陸地方
6. 造成男女比例的失衡
7. 亞馬遜雨林逐漸消失
8. 新的冰川期來臨

燃料種類與二氧化碳釋放量

燃料種類	二氧化碳釋放量（g/MJ）
天然氣	50.30
液化石油氣	59.76
航空汽油	65.78
車輛汽油	67.07
煤油	68.36
重油	69.22
木材	83.83
煙煤	88.13
石油焦	96.73

（美國能源總署 2009 資料）

全球土地海溫指數

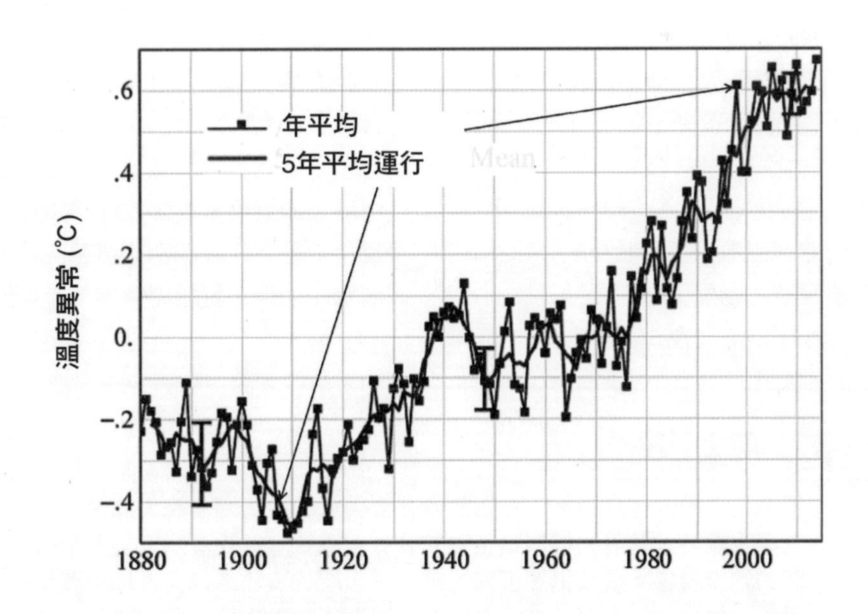

UNIT 5-9 水污染與土壤污染（一）：生活污水污染

如第一章所敘述的，人類可以使用的淡水資源佔全球水資源不到1%，然而大部分的淡水資源又經常被人類文明活動所產生的物質所污染，由於水與土地的關係非常緊密，因此水污染也就伴隨著土壤污染。雖然大自然界中也存在著天然污染物，但是人為的水與土壤污染物卻會帶來相當嚴重的後果。

生活污水污染

為了維持家庭正常的生活作息，每天從家庭中所排放造成較大環境影響的廢水，計有：排泄物廢水與含清潔劑之廢水。

1. 排泄物廢水

我們每天上廁所時的排泄物經過抽水馬桶沖洗後進入化糞池，化糞池是一個小型的污水處理系統，排泄物會在化糞池中進行厭氧分解，使固態物質減少沉澱後排出，排放過程中如果產生洩漏，則很容易污染土壤。

2. 含清潔劑之廢水

對環境最友善的清潔劑當屬肥皂類產品，其成分主要為脂肪酸鈉或脂肪酸鉀，回收廢食用油製作肥皂，除可減少清潔劑的開支，更可有效解決廢食用油對於水源的污染，然而對於水質較硬的台灣，肥皂的效果經常大打折扣，當水中含有較多鈣或鎂離子時，肥皂很容易產生脂肪酸鈣或脂肪酸鎂沉澱，不僅減少清潔能力，也會在物體表面或衣物上產生皂垢沉澱。

自從烷基苯磺酸鈉問世後，人們獲得更具清潔力的產品，且不會產生皂垢沉澱，然而烷基苯磺酸鈉可以分成：

1.直鏈（LAS）

2.支鏈狀（ABS）

前者屬於軟性清潔劑，此種清潔劑易被微生物分解，後者則不易被分解，而且會對環境造成嚴重的影響。

除此之外，早期清潔劑中經常添加焦磷酸鈉或是三磷酸鈉，以解決硬水的問題，然而其中的磷成分會造成湖泊中藻類的過度繁殖，進而造成湖泊優氧化，最終造成湖泊含氧量降低，破壞水中生態，嚴重時會造成整個湖泊的生態完全死亡。促進細菌類微生物的繁殖，水體中耗氧量將大增。

小博士解說

優氧化：優養化是指當人類排放含有磷與氮的生活污水流入湖泊、河流與水庫時，這些物質成為植物的養分，導致水中的藻類大量繁殖引起的污染現象。藻類迅速繁殖，將使得表層的植物進行光合作用產生氧氣，但是水下的部分卻因為缺少陽光而行呼吸作用，導致缺氧，進而造成水下生物和魚類死亡，嚴重時還會發生腐化發臭的結果。

台灣地區河流未受污染與受不同程度污染的比例

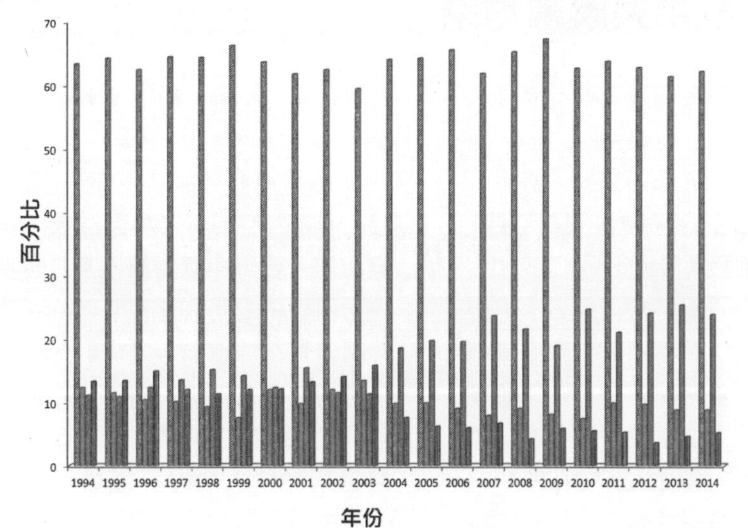

行政院環保署水污染防治法所列有害健康物質

無機鹽類	硝酸鹽氮、氰化物、氟鹽

甲基汞、鎘、鉛、總鉻、六價鉻、總汞、銅、銀、鎳、硒、砷、鋅、銦、鎵、鉬

戴奧辛、苯、乙苯、二氯甲烷、三氯甲烷、1,2-二氯乙烷、氯乙烯、三氯乙烯、硝基苯、鄰苯二甲酸二甲酯、鄰苯二甲酸二乙酯、鄰苯二甲酸二丁酯、鄰苯二甲酸丁基苯甲酯、鄰苯二甲酸二辛酯、鄰苯二甲酸二(2—乙基己基)酯、1,1—二氯乙烷、1,1—二氯乙烯、順—1.2—二氯乙烯、四氯乙烯

多氯聯苯、總有機磷劑、總胺基甲酸鹽、除草劑、安發番、安特靈、靈丹、飛佈達與衍生物、滴滴涕及衍生物、阿特靈及地特靈、五氯酚及其鹽類、毒殺芬、五氯硝苯、福爾培、四氯丹、蓋普丹

UNIT 5-10 水污染與土壤污染（二）：牧業與農業污染

畜牧廢水的主要成分有牲畜糞便、尿、沖洗水、以及飼料殘餘物等，通常固態物質可以透過過濾加以清除，而其中排放出去的廢水中，以糞尿及沖洗水對環境影響最大。

一般來說，一隻豬的糞尿污水排放量約為成人的 3-5 倍，在台灣由於市場需求以及經營結構變化，除造成養豬事業中單位面積飼養頭數增加，也造成養豬廢水對環境品質的衝擊。

除此之外，農村目前多以化學肥料取代畜牧有機肥，使得農民利用畜牧糞尿來製造堆肥並作為農作物肥料的量減少，因此隨著豬舍的經常沖洗，大部分未經處理之豬隻排泄物也直接排入河流中，因此成為畜牧廢水及污染量的主要來源。

根據 2011 年行政院農委會的資料指出，禽畜糞便年度排放量為 2,301,997 公噸，其中 2,146,000 公噸的禽畜糞便作為堆肥、焚化，轉移為化學原料，換句話說，仍然有 155,977 公噸的禽畜糞便排放，畜牧廢水中多含磷與氮兩種元素，容易導致河川與湖泊產生優氧化。

隨著科技的進步，人類針對三大農業敵人：有害細菌（病毒）、害蟲與雜草，開發出各式農藥，然而大部分的農藥對於人體而言都是有毒的，一般來說，農藥的施用過程中，將近 90% 會降落於水以及土壤中。

人類受到農藥的影響，可以分成兩個來源：

1. 農作物吸附以及殘留
2. 水路食物鏈以及生物累積

目前市面上農藥種類非常繁多， 常見農藥之用途與藥害實不可不知。

小博士解說

國境之南的屏東縣主要有三條河川：高屏溪、東港溪與枋山溪。

- 高屏溪的主要污染源有：工業廢水、畜牧廢水與民生污水，早期高屏溪污染源以畜牧業的廢水為最大的來源，至2000年環保署之統計資料指出高屏溪畜牧廢水之污染仍佔59%，工業廢水為28%，而民生污水為12%。
- 近年來，由於高屏溪附近的整治使得部分養豬業遷移至東港溪畔，東港溪與高屏溪一樣受到嚴重的水污染，取水自東港溪的鳳山水庫也因為水質不佳，使得該水庫只能用在工業用水上。
- 至於枋山溪，則是由於河床兩岸有許多西瓜種植，因此農藥成了枋山溪的污染源之一。

農藥種類、使用與相關毒性

農藥種類	商品	功能	人體毒性
有機磷農藥	產品名中多有「松」或是「靈」字，例如：巴拉松（parathion）、馬拉松（Malathion）、亞速靈（monocrofophos）等	殺蟲	神經毒性，造成中樞及自主神經過度反應，嚴重時會死亡，有許多種類限用或禁用
胺基甲酸鹽類	加保（Carbaryl）、加保扶（Carbofuran）等	除蟲、除草	與有機磷農藥類似
有機鹵化物類	滴滴涕（DDT）、阿特靈（Aldrin）、十氯丹（Kepone）等	除蟲	殘留過久，且易於生物累積，因此陸續被禁用
除蟲菊類	蚊香、防蚊液、水性殺蟲劑等	除蟲	除蟲菊精遇陽光及空氣極易分解，毒性低，對人類影響主要是部分刺激與過敏性反應
聯吡啶系類	巴拉刈（Paraquat）	除草	雖在環境中易分解，但誤食時會對各組織造成迅速且不可恢復的傷害，並且引發多重器官衰竭（誤食10cc含25%巴拉刈的水溶液，致死率幾乎達到100%）
含金屬類農藥	波爾多混合劑（Bordeaux mixture）、砷製劑等	殺菌為主	腸胃症狀、皮膚炎等中毒
有機溶劑類	苯類、甲苯類、各種醇類、鹵化烴類、石油腦、松節油等	物理性殺蟲滅菌	與一般溶劑傷害相同

UNIT 5-11 水污染與土壤污染（三）：重金屬污染與環境賀爾蒙污染

重金屬污染

重金屬的定義相當模糊，一般來說泛指過渡金屬、類金屬、鑭系以及錒系元素等，在論及污染物時，指的通常是對生物有明顯毒性的金屬或類金屬元素，例如：汞、鎘、鉛、銅與砷等元素。

環境賀爾蒙污染

賀爾蒙或稱之為激素，當環境中存在類似人類內分泌激素物質時，會對人體的健康與生長造成危害的物質，統稱為環境賀爾蒙，環境賀爾蒙會造成許多問題，其中包含免疫系統、神經系統以及內分泌系統的運作，目前已知的環境荷爾蒙至少有 70 種以上，其中 40 幾種為農藥。通常極微量的環境賀爾蒙就會造成不良影響，較常見的有男性女性不妊、男性生殖器異變、男性精子質量下降、男性睪丸變小、早熟、母乳減少、肛門及生殖器距離異常、生育男孩的能力下降、子宮癌、睪丸癌、乳癌和子宮內膜異常增生、男性前列腺癌及睪丸癌等癌症、腦下垂體及甲狀腺功能改變、免疫力抑制和神經行為作用等。

行政院環保署環境賀爾蒙管理計畫資料中，也列舉了相關種類。

常見環境賀爾蒙及用途

環境賀爾蒙種類	主要用途
燐苯二甲酸酯類	嬰兒奶瓶、柔性嬰兒書籍、磨牙器、奶嘴、保鮮膜、指甲油、香水、髮膠、沐浴乳、乳液、妊娠紋霜、口紅、塑膠容器、可微波塑膠便當、塑膠袋、塑膠餐具
雙酚 A	奶瓶、食品罐頭內膜、CD、水壺、可微波食品容器、防火材料、黏合劑、冰箱、運動用品、醫療儀器、家用電子產品等
壬基酚以及壬基酚聚乙氧基醇	非離子型界面活性劑及農藥添加等乳化劑、製造塑膠、染料、油漆、滑油及金屬加工、清潔劑、潤濕劑等
重金屬	鎘：製造鎳鎘電池、染料、電鍍金屬及塑膠製造之穩定劑等 汞：體溫計、血壓劑、乾電池、牙科用之銀粉、紅藥水、螺旋形日光燈、及日光燈管等 鉛：含鉛的飾品、玩具、進口食品、陶器、化妝品及傳統藥物等
三丁基錫類（TBT）、三酚基錫類（TPT）	防腐劑、防霉劑、防菌劑、安定劑、催化劑、殺蟲劑、船舶底部及水產養殖網上之抗生物附著塗料等
多氯聯苯	電容器、變壓器、熱媒、塗料、無碳印刷
戴奧辛及呋喃	
殺蟲劑、殺菌劑、除草劑	殺蟲劑、殺菌劑、除草劑

重金屬的工業用途、毒性與污染事件

種類	工業用途	毒性機理與途徑	著名事件
汞	1. 金礦冶煉 2. 氣壓與溫度計 3. 汞燈 4. 紅汞藥水 5. 電池	1. 經由食物或接觸汞及其合金 2. 無機汞與有機汞均會造成中毒 3. 阻斷神經傳導並破壞神經細胞群	・1956 年日本熊本縣水俣病 ・1964 年日本新瀉縣第二水病
鎘	1. 鎳鎘電池 2. 黃色顏料 3. 半導體 4. LED	1. 經由接觸、呼吸或食物攝入 2. 急性中毒：發燒、咳嗽呼吸困難，腎與肝衰竭死亡 3. 慢性中毒：腎傷害與骨骼傷害	・1950 年日本富山縣痛痛病 ・1983 年台灣桃園觀音鄉鎘米事件 ・1984 年台灣桃園蘆竹鄉鎘米事件 ・2001 台灣雲林縣虎尾鎮鎘米事件
鉛	1. 鉛酸蓄電池 2. 保險絲 3. 焊錫 4. 活字金 5. 放射線圍阻體 6. 含鉛汽油	鉛對骨髓造血系統與神經系統危害，幼童的大腦若受鉛的傷害，則會造成智能發展不足或行為不良影響	・2009 年中國陝西省寶雞市鳳翔縣鉛中毒事件 ・2010 年奈及利亞扎姆法拉州鉛中毒事件
銅	1. 電纜線 2. 各種銅合金 3. 18K金	1. 急性中毒：嚴重的噁心、含綠藍色的嘔吐物、腹痛、腹瀉、吐血、變性血紅素症、血尿等症狀，嚴重時死亡 2. 慢性中毒：肝病變、肺癌	・1986 年高雄茄萣綠牡蠣事件
砷	1. 半導體工業 2. 農藥、除草劑以及殺蟲劑 3. 中藥材：雄黃	對人體多方面具毒性：腸胃道、肝腎、心血管、神經系統、皮膚系統、呼吸系統、生殖系統、致癌性	・1950 年代末期烏腳病：嘉義縣布袋鎮、義竹鄉；台南縣學甲鎮、北門鄉因飲用含砷地下水而發病

UNIT 5-12 放射性污染（一）：自然背景輻射

自然**背景輻射**（background radiation），係指在我們周圍生活環境中存在，其來源不外乎是宇宙射線以及地球上的天然放射性元素。

根據聯合國的統計（2011），人類所暴露的自然背景輻射約為 2.4 毫西弗（milli-Sievert, mSv），而人為所產生的暴露則約為 0.61 毫西弗。

要注意的是，西弗為基本輻射劑量的單位之一，用來表示輻射對人體影響的程度，1 西弗代表 1 焦耳/公斤，又等於100 侖目（爾格/克）（Rem, erg/g），1 西弗的輻射劑量相當大，因此多以毫西弗或者微西弗進行論述。

由於人類身體各部位對於輻射的暴露傷害會因部位而有所差異，因此，在計畫暴露劑量時，可以使用

$$H = \sum Q_i \int Sv \times N_i dm$$

加以計算，其中 Q_i 為品質因數而 N_i 為修正因數；如果是專門用來描述輻射吸收劑量的多寡，而不在乎輻射類別的品質因素以及被輻射體的修正因數時，則可以用格雷（Gy）為單位。

在地球上有部分地區之背景輻射較一般環境高，例如：中國廣東省陽江市（0.5 mSv/y）、印度喀拉拉（0.2-4.9 mSv/y）以及義大利奧理維拓鎮（0.7 mSv/y），這些地區會有比較高的背景輻射，均肇因於獨居砂礦物或是火山岩及土壤等。

台灣大部分地區都是沉積岩，因此背景輻射居於正常狀態，但以下地區因在地表中含有獨居石並釋放天然放射線，因此具有較高背景輻射，例如：西南沿海外傘頂洲、南統汕洲、王爺港洲、青山港洲、宜蘭土場、梨山、日月潭以及北投地熱谷等火山溫泉區（陳清江等, 2001）。

小博士解說

輻射係指能量以粒子或是波(電磁波)的形式所傳送，並可依照能量的多寡分成非游離輻射與游離輻射，而所謂的游離輻射係指可將原子或分子電離化(ionization)的輻射。我們日常生活中常接觸的無線電波、微波、紅外線、可見光、紫外光都是非游離輻射；常見的游離輻射計有x光、α、β及γ輻射。另外要注意的是，在核反應爐中所產生的中子則是會激發其他的原子使其變成放射性元素，最著名的例子就是鈷60的製備，使用鈷59照射中子流，鈷59捕獲中子後會變成鈷60，鈷60的半衰期為5.27年，透過β衰變放出能量高達315 keV(仟電子伏特)的高速電子成為鎳60，並放出兩束伽馬射線(1.17MeV與1.33MeV)。

背景輻射來源比例

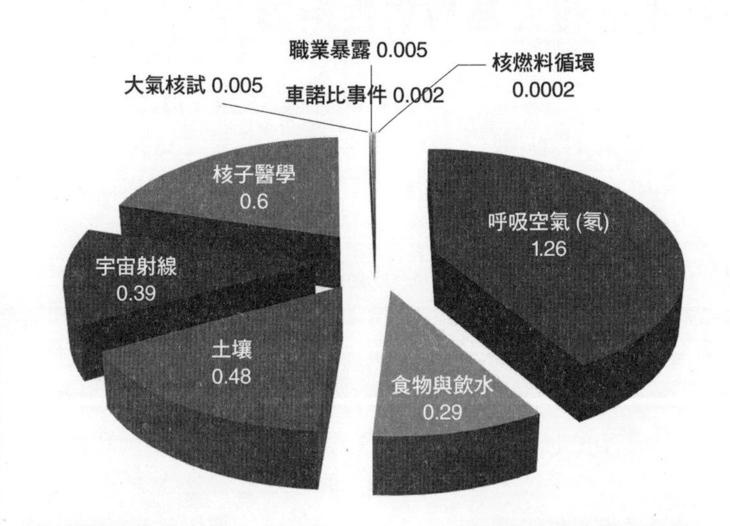

品質因數列表

種類	Q_i
X 光、γ 射線、電子等	1
中子	依照能量而定 $Q = 5 \sim 20$
質子	2
α 粒子及其他核分裂物	20

身體修正因數

部位	N_i
生殖器	0.08
骨髓	0.12
結腸	0.12
肺	0.12
胃	0.12
胸腔	0.12
膀胱	0.04
肝	0.04
食道	0.04
甲狀腺	0.04
皮膚	0.01
骨骼	0.01
唾腺	0.01
腦	0.01
其他	0.12
總和	1

UNIT 5-13 放射性污染（二）：天然核種與人為放射性污染

天然核種

目前已知的**天然放射性核種**（natural radioactivw nuclide）共計有 65 個，其中比較重要的放射性核種共計有存在於地殼的釷-232 系列、鈾-238 系列、鈾-235 系列，鉀-40、銣-87 等長半衰期放射性核種。

由於其半衰期都在數億年以上，因此自地球誕生至今，已經存在地殼之中。

宇宙射線與大氣層作用所產生的粒子輻射與放射核種也有 20 幾種，比較重要的有碳-14、氚、鈹-7、鈉-22 等放射性核種。

有些核種會對人體造成較大的劑量暴露，但是有些放射性核種則可忽略。人類在 20 世紀進行許多次核子試爆，大量生成之核分裂產物注入大氣對流層及平流層之中。

這些核分裂產物經過長時間沉降而蓄積於地球表面，成為放射性落塵而廣泛分布於自然環境中，比較有代表性的放射性核種有鍶-90、銫-137，鈽-239、碳-14、氚等。

人類無論是呼吸以及取食，均有機會將放射性核種吸入體內，例如飲食中含有鉀-40、碳-14、銣-87 等元素攝入體內。鉀-40 在自然界分佈很廣，半衰期 1.3×10^9 年，是透過食品進入人體量最大的天然放射性核種。

在呼吸方面來說，最主要是以氡為主，氡的已知同位素有 27 種，從氡-200 到氡-226，最穩定的同位素是氡-222，它是鐳-226的衰變物，會放出 α 粒子衰變，其半衰期是 3.823 日。

天然存在的放射性核種也普遍分布於土壤、岩石或地殼之內，例如天然花崗岩即具有較高的放射性，因為在其成分中含有鋯英石礦物，其內含有鈾-238 系列、釷-232 系列和鉀-40 的天然放射性核種。

人為放射性污染

人為放射性污染主要是來自於二次大戰核武的使用、核子試爆、核能反應爐洩漏等，造成放射性物質暴露於大氣環境中。

核分裂反應的產物中可以區分成兩類：

1. 第一類是放射性強但其半衰期均短於百年，最長的強放射性元素為釤-151，它的半衰期為 90 年。
2. 第二類則是放射性較弱，甚至比原始核分裂材料還要來得弱，但是半衰期非常長，例如：碘-129、鎝-99 和銫-135，它們的半衰期都長達一百萬年以上，一旦透過核分裂形成之後幾乎是造成永久性的放射性污染。

常見核分裂產物中對人體傷害較大列表

同位素	輻射形式	半衰期	傷害器官
鍶-90	β	28年	骨骼
釔-90	β	28年	骨骼
銫-137	β γ	30年	肝腎與肌肉
鍶-89	β	51天	骨骼
碘-131	β γ	8.05天	甲狀腺
氫-3（氚）	β	13年	全身

放射線穿透性示意圖

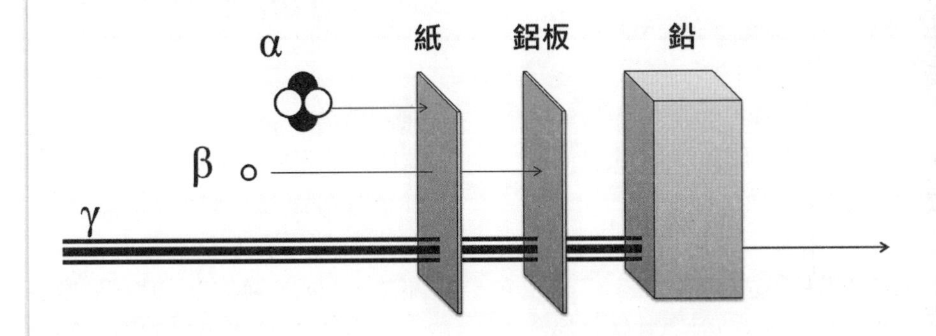

氡 (Rn)

氡是由鈾系、釷系衰變後產生的氣態放射性核種，一般而言，氡的劑量是所有人類所受天然輻射劑量中最大者，台灣由於有良好的室內通風，所以接受氡氣曝露的劑量不像歐美國家那麼高，每年約為 0.44 毫弗西。

UNIT 5-14 放射性污染（三）：輻射對人體之影響與核能事故

游離輻射對人體的傷害，可以區分成輻射引發癌變、慢性輻射綜合症狀以及急性輻射綜合症狀。

1. 癌變

當人類細胞暴露到低劑量游離輻射時，有可能造成細胞基因破壞，當基因破壞時，會導致細胞死亡，然而在某些特殊破壞程度下，細胞不僅不會死亡，更會造成異常增生，也就是所謂的癌變，例如受到輻射污染區域，由於碘-131的暴露而造成甲狀腺癌的現象。

除此之外，生物胚胎受到游離輻射照射後，也有可能造成基因突變而發生畸胎現象。

2. 慢性輻射症與急性輻射症

慢性輻射綜合症以及急性輻射綜合症則是在高度暴露情況下所發生的反應，其中差別在於劑量的多寡，如果人體暴露的劑量低於人體組織可以自我修復的能力，則會引發慢性輻射綜合症；相反地，如果人體暴露的劑量高於人體組織可以自我修復的能力時，患者大多會在短時間內死亡。

根據國際放射防護委員會（ICRP）的資料指出，在不考慮人體的吸收因素下，當人體暴露在 0.7~1.5 格雷時，會引發慢性輻射綜合症。

一般來說，當人體暴露在 1 格雷以上，即有機會發生急性症狀。很顯然地，當人體暴露劑量超過 8 格雷時，無論是否有醫療照護，死亡率幾乎是100%，僅有暴露到死亡時間的長短差別而已。

人體在核能電廠事故或者臨界事故發生時，都很容易達到致死劑量，以車諾比事件現場輻射劑量來看，反應爐噴出的燃料破片之放射劑量為 200 西弗/小時，當時處理現場的人員只要接觸燃料破片 3 分鐘就會到達致死劑量。

核能事故

國際核能事件分級制度中，將核能事件分成7個等級，較低的1-3級總稱為異常事件，較高的4-7級則稱為核子事故，例如蘇聯的車諾比核電廠事故，以及近期日本發生的福島第一核電廠核災，皆為第7級重大核子事故，嚴重危害到人體健康和生態環境。

行政院原子能委員會針對核能電廠所發生的異常事件，予以分級並定期公佈，期使管制單位、民眾與媒體之間建立共通性語言，以簡單易懂的方式，表達核能**異常事件**（incidents）及**事故**（accidents）的意義與其相對重要性，增進民眾對核能發電的了解，消除對核能安全不必要之疑慮。

急性輻射綜合症狀與全身暴露劑量關係表

病程	症狀	全身劑量（格雷, Gy）				
		1-2 Gy	2-6 Gy	6-8 Gy	8-30 Gy	>30 Gy
立即症狀	噁心嘔吐	5-50%，2-6小時後發作，症狀持續24小時以內	50-100%，1-2小時後發作，症狀持續24-48小時	75-100%，10-60分鐘後發作，症狀持續48小時以內	90-100%，10分鐘內發作，症狀持續48小時以內	100%，數分鐘內發作，病患 48 小時內死亡
	腹瀉	無症狀	<10%，3-8小時後輕微腹瀉	>10%，1-3小時後嚴重腹瀉	>95%，1小時內發生嚴重腹瀉	100%，1 小時內發生嚴重腹瀉
	頭痛	輕微	50%，4-24小時後發生輕微到中等頭痛	80%，3-4小時後發生中等頭痛	80-90%，1-2小時後發生中等頭痛	100%，1 小時內發生嚴重頭痛
	發燒	無	10-100%，1-3小時後發生中等發燒	100%，1 小時內發生中等到嚴重發燒	100%，1 小時內發生嚴重發燒	100%，1 小時內發生嚴重發燒
	神經症狀	無	發生 6-20 小時認知能力受損	發生超過 24 小時認知能力受損	無行為能力	僵直、顫抖、昏迷
潛伏期		28-31 天	7-28 天	<7 天	無	無
死亡率	無醫療	0-5%	5-100%	95-100%	100%	100%
	有醫療	0-5%	5-50%	50-100%	100%	100%
	時間	6-8 週	4-6 週	2-4 週	2天-2 週	1-2 天

核能事件分級表

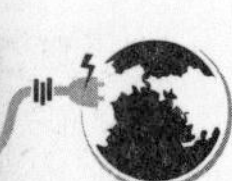

事件分類	等級	標準	案例
核子事故	7	1. 大量的放射性混合物外釋出爐心至廠外各處，放射性物質包含短、長半衰期之核分裂產物〔相當釋放出放射性量超過10^{16}貝克（Bq）I-131之量〕 2. 可能造成民眾急性健康疑慮 3. 廣泛造成區域性輻射延遲效應 4. 對環境造成長期影響衝擊	1. 1986 年 4 月，在蘇聯〔今之烏克蘭境內〕所發生之車諾比（Chernobyl）核電廠事故 2. 2011年，日本福島第一核電廠事故
	6	1. 核分裂產物外釋〔相當釋放出放射性量超過$10^{15\text{-}16}$貝克（Bq）I-131之量〕 2. 須全面施行區域性緊急計畫以減少嚴重之輻射健康效益	1. 1957 年，在蘇聯（今之俄羅斯境內）Kyshtym 再處理廠發生之事故
	5	1. 造成核分裂產物之外釋〔相當釋放出放射性量超過$10^{14\text{-}15}$貝克（Bq）I-131之量〕 2. 局部施行緊急計畫（必要避難所及/或撤退之施行），以減低可能產生之輻射健康效應 3. 爐心因機件缺損和/或損毀而造成之嚴重事故	1. 1957 年，發生在英國 Windscale 核電廠的事故 2. 1979 年，發生在美國的三浬島核電廠事故
	4	1. 放射性物質外釋至廠外，造成廠外民眾個人劑量達幾個毫西弗（Millisievert） 2. 通常不作廠外防護措施，必要時才執行區域性之食物管制措施 3. 廠區重要設備損壞，如爐心局部熔毀等 4. 造成工作人員高機率致死之超暴露（5格雷）	1. 1980 年，法國Saint Laurent 核電廠事故 2. 1983 年，阿根廷 Embalse 核電廠事故 3. 1999 年，日本茨城縣東海村 JCO 臨界事故

事件分類	等級	標準	案例
異常事件	3	1. 放射性物質之外釋至廠外，造成廠外民眾個人劑量達 10 毫西弗程度事故 2. 工作人員發生急性健康效應（全身暴露 1 格雷） 3. 若再發生安全系統故障，將演變成事故之狀態	1. 1989 年，西班牙 Vandellos 核電廠事件 2. 1993 年，台灣核二廠人員超劑量事件
	2	1. 發生重大異常事件，但尚不足以影響電廠之安全狀況 2. 導致工作人員遭受超出法定年劑量限制之事件	1. 1993 年台灣核三廠廠區重大污染事件
	1	1. 功能或運轉上之異常，但並未顯示有何危險狀態，只是顯示違反安全有關規定 2. 由於設備故障，人為疏失或程序規定不健全導致之狀態。（此類異常狀態須與未違反運轉限制和正確依循適當程序書之狀況加以區別，這些狀況將劃分成未達級數之 0級。）	1. 1999 年 9 月，台灣核一廠於廠區內發生之廢料運送車掉落乾華溪事件
偏差	0	無安全疑慮	1. 1999 年，因輸配線路鐵塔倒塌，導致核反應爐急停事件

本章小結

本章精簡地將人類文明發展所製造的污染，區分成空氣污染、水與土壤污染以及放射性污染三大類加以論述，並且針對各大項進行細項說明，本章內容已將大部分的污染及其環境影響進行概括性的說明。空氣以及放射性污染的來源，大多與能源取得有很大的關係，這些污染也會間接造成水資源以及土壤的污染，因此透過本章可讓讀者理解在取得方便與文明生活的同時，我們對於周遭環境的破壞。

問答題

1. 何謂酸雨？其環境影響為何？
2. 何謂粒狀污染物？它在空氣污染以及光煙霧中所扮演的角色為何？
3. 何謂環境賀爾蒙？舉例說明環境賀爾蒙對於人體的影響。
4. 蒐集資料比較前蘇聯車諾比核能電廠事故、日本福島第一核電廠事故以及美國三浬島核能電廠事故之差異。

再生潔淨能源

章節體系架構

本章重點

1. 介紹各種可再生能源的形式與種類。
2. 分析各種可再生能源開發的優缺點以及其限制。
3. 針對各種可再生能源所衍生的環境影響評估。

UNIT 6-1 太陽能（一）：太陽光電

為了能源的永續發展，以及地球環境保護的需求，開發對環境友善的能源是一個勢在必行的政策。隨著氣候異常以及化石燃料逐漸短缺的疑慮下，許多國家莫不投入相當多的心力在再生潔淨能源開發上，而這些能源形式則是涵蓋了太陽能、風能、水力能、地熱能以及生質能源；本章內容也將針對這些主題分別加以論述。

來自太陽的能量廣義地主導著地球能源運作的一切，在地球上無論是非再生能源的石油與煤，以及屬於再生能源的風能、水力能與生質能都是來自於太陽的能量。

太陽能量的應用相當多元，在本章節中僅說明太陽光電、太陽能熱水器以及太陽熱能發電三大應用太陽能的主要能源供應形式。

太陽光電

太陽光電（Photovoltaic）就是我們所熟知的太陽能電池，當金屬受到光子刺激時所產生之電子散逸稱為光電效應；當互相連接的相異半導體材料在光線的照射下所產生電位差現象是太陽能電池的基礎，此種現象也稱為**光伏打效應**（photovoltaic effect）。以 P-N 半導體對的架構中，受激發的光電子以及電洞會朝反方向移動而形成正負兩極並產生電位差；因此，以矽晶體作為太陽能電池是相當常見的種類，一般矽基太陽能電池構造中，由於一般矽晶圓為 P 型半導體材料，因此透過磷的擴散製作出一層 N 型半導體材料以形成 PN 材料對，在 N 型材料表面上，亦需增加一氮化矽薄膜以減少光線的反射，當此材料受到光線照射機發後，光電子會向 N 型材料移動，而電洞則會往 P 型材料移動。

自從 20 世紀 50 年代，美國貝爾實驗室發明單晶矽電池之後，矽基太陽能電池一直是很重要的主導性產品，除了矽基太陽能電池之外，尚有以碲化鎘（CdTe）、銅錮鎵硒（CIGS ）以及砷化鎵（GaAs）為主的薄膜式碳陽能電池，更進一步地尚有**染料光敏太陽能電池**（Dye-Sensitized Solar cell, DSSC）、**高分子**（polymer）太陽能電池、**串疊型電池**（tandem cell）等系列。

小博士解說

太陽能電池在形式上則可分成基板式與薄膜式，過去常見的大多屬於基板式電池，採用的是單晶式或相溶後冷卻而成的多晶式基板；而薄膜式電池則具有曲度，並有可撓、可摺疊等特性，材料則較常用非晶矽或是薄膜噴塗式太陽能材料。

太陽與各種能源之關係

能源種類	太陽所扮演角色
太陽能	太陽以輻射將能量傳遞至地球，人類直接取得輻射熱傳之能量
化石燃料	遠古時代植物行光合作用，吸收太陽能量、二氧化碳與水合成植物本體，該植物本體保存太陽能量至今
風能	大氣吸收太陽熱能，並由於溫度分佈不均而造成風
水力能	太陽是地球上水循環的原動力，透過太陽的能量將水蒸發，在適合條件下產生降水，當水在山區匯集時，會因重力位能的差異而使人們可以從中取得能量
生質能	植物行光合作用，吸收太陽能量、二氧化碳與水合成植物本體，該植物本體保存太陽能量

PN 太陽能電池示意圖

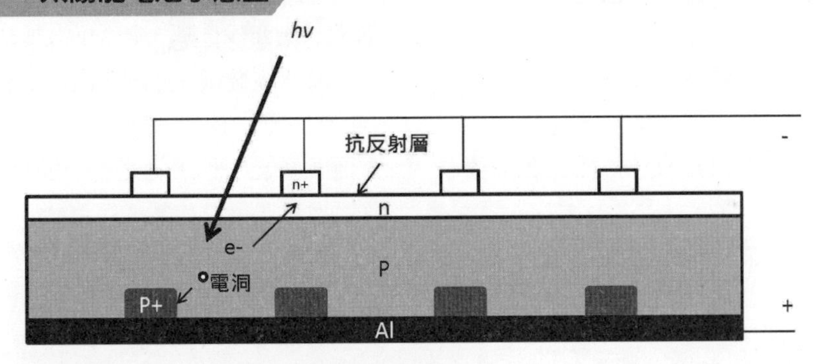

以矽為基礎材料的太陽能板之種類

單晶矽

1. 轉換效率高
2. 使用年限長
3. 價格高
4. 多用於發電廠、交通照明號誌等

多晶矽

1. 轉換效率較單晶矽低
2. 製程簡單、成本低
3. 部分低功率的電力應用系統皆使用此類太陽能電池

非矽晶

1. 成本最低
2. 生產快、種類多
3. 多用於消費性電子產品

UNIT 6-2 太陽能（二）：太陽能熱水器與太陽熱能發電

太陽能熱水器

當水在太陽光下曝曬時，即可達到溫度上升的效果，如果透過特殊材質的吸熱材料，搭配適當的保溫材質構成一水的加熱裝置，就會成為一個標準的太陽能熱水器，標準的太陽能熱水器包含了三個重要的零件，分別為：集熱器、儲水桶與控制器。

一般來說，集熱器表面有一透明蓋，陽光透過，後由吸收材料吸收能量並將能量傳遞至吸收材料架構下的水，集熱器背部填塞保溫材以減少熱散失；近年來亦有使用雙層玻璃套管的集熱器，外層透明而內層鍍有吸熱鍍層，陽光在內層吸收後加熱其中的水，內外層之間抽真空以免對流與傳導熱散失。

以簡易型太陽能熱水器來說，其原理係利用自然對流的方式將熱水儲存於儲水桶中，當日照不足或是天氣寒冷時，控制器會啟動輔助電熱棒，以輔助製造熱水。在較大型系統中會有泵進行水循環，將冷水打入集熱器中進行循環，另外尚有使用第二種工作流體的系統，陽光加熱集熱器中循環的第二工作流體（不一定為水），此工作流體在於熱交換器中將熱能傳遞給水。

太陽能熱水器是一個節能性產品，目前已經廣泛地應用在魚類養殖業、溫帶地區暖房用途、溫水游泳池，各種大小型家用、宿舍、旅館等盥浴熱水供應、工業製程預熱以及除濕技術上。

太陽熱能發電

太陽熱能發電（solar thermal power plants）是一種以太陽光為熱源的熱力循環系統，利用陽光反射裝置大量收集陽光並用以加熱工作流體。

一般來說，工作流體可以使用融熔鹽，融熔鹽在熱交換器中加熱水蒸汽，再由水蒸汽推動汽渦輪機以發電，加州的 SEGS 太陽能發電廠即是使用此方式的一例。

小博士解說

太陽能發電的缺點：

1. 能源密度較低，且太陽能電池的能源轉換效率有限，若要獲得足夠的太陽能時則需要較大的面積，因此造價也會跟著上揚。
2. 受氣候與晝夜的影響，必須要安裝電能儲存系統才能使能量供應穩定，這些儲存系統也有使用壽命的問題，因此整體而言，太陽能發電成本高昂。

自然對流型太陽能熱水器示意圖

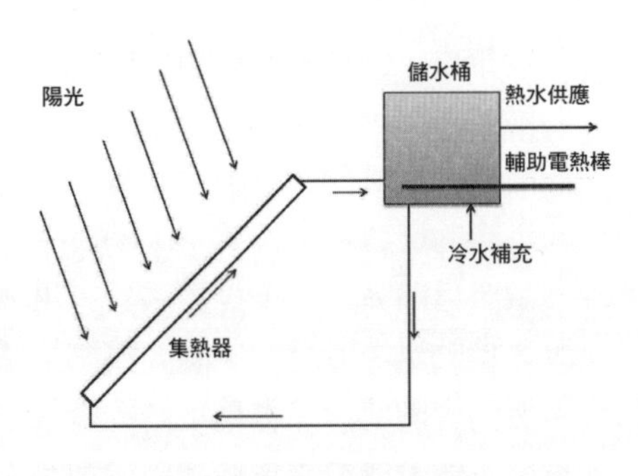

強制對流型太陽能熱水器示意圖

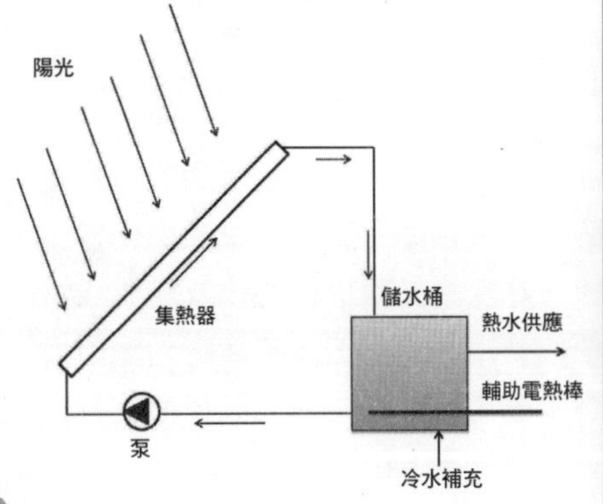

雙工作流體型太陽能熱水器示意圖

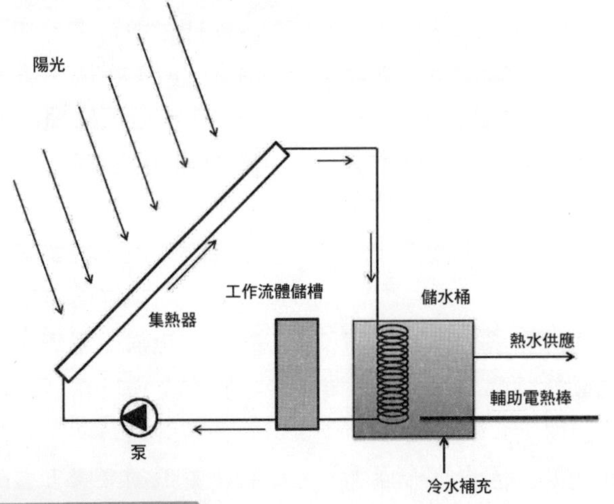

太陽熱能發電系統示意圖

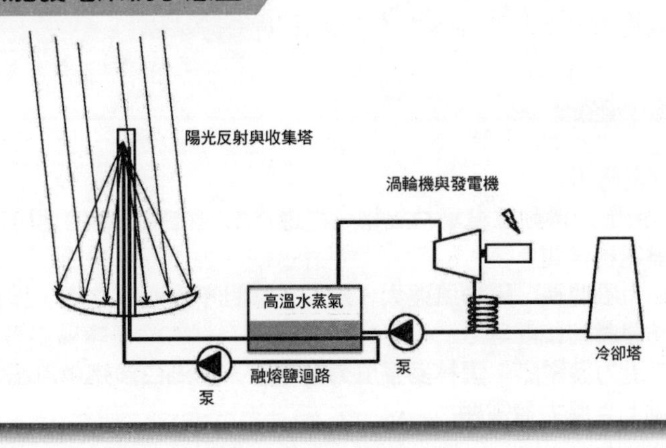

UNIT 6-3 風能

大氣吸收太陽能量後，因溫度分布不均而產生風，以大氣所吸收的太陽能量來計算，大氣中蘊含的風能相當龐大，人類運用風的能量歷史相當久遠，在西元前兩世紀的埃及已有風帆船的使用，直到工業革命之前，風力驅動船隻航行是早期人們跨海旅行與貿易的主要方法。

根據歷史記載，運用風力進行穀物磨製肇始於古希臘，至今荷蘭與丹麥仍然保有十幾萬個風車。明朝宋應星《天工開物》中，亦有關於「揚郡以風帆數頁，俟風轉車，風息則止」的記載，表明在明代以前，人們就會製作將風力的直線運動轉變為風輪旋轉運動的風車，在風能利用上前進了一大步。

以現代的眼光來說，風能就是利用機械裝置將風的動能轉變成機械能，再轉變為電能的過程。

在不考慮生命週期的因素下，風力發電的轉變過程中不會產生污染，也不會產生溫室氣體。

近年來，由於地球環境不斷惡化，各國追求潔淨環保能源的政策下，風能變成一個熱門且有機會主導未來能源供應的選項。

截至目前為止，全世界裝設有風力發電機的國家超過 70 個，根據全球風能協會的統計，全球累計的裝置容量已有顯著成長；在台灣由於地小人稠，因此在陸地上對於可以有效開發的風力發電極為有限。

根據台灣電力公司的數據指出，台灣在 2013 年使用風力發電總共產生 1617.18 百萬度電，約佔全國總發電量 2134 億度電的 0.76%。

由於陸地的限制，許多國家也積極開發離岸風力發電廠，以台灣來說，最佳的風場在台灣海峽，因此台電規劃了彰化離岸風力發電計畫、雲林離岸風力發電計畫以及澎湖湖西離岸風力發電計畫，然而台灣海峽的離岸風力建置仍須考慮到海床深、黑潮，以及夏季颱風的影響等因素，而風力發電也各有優缺點。

小博士解說

風能的原理與應用

1. 原理：利用風力帶動風車葉片旋轉，再透過增速機將旋轉的速度提升，來促使發電機發電。
2. 設置地點：風期長、平均風速大、風力平穩且不受遮擋之處，如田埂、河堤、防風林、山峰等。
3. 台灣三座風力發電廠：雲林麥寮風力發電廠、澎湖白沙鄉中屯風力發電廠、澎湖七美風力發電廠。

全球累計風力發電容量 (1996-2013) 統計圖

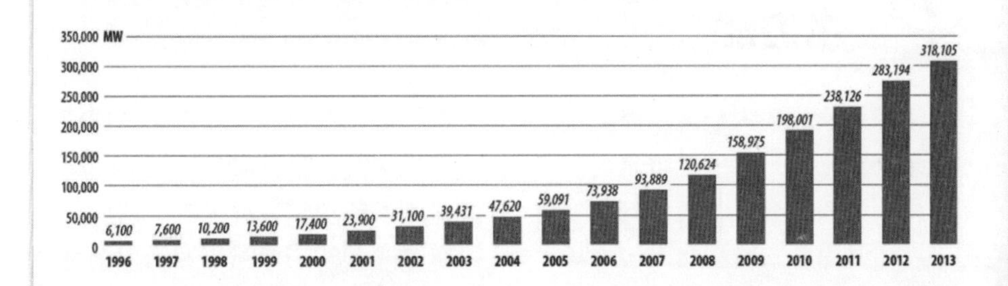

風力發電之優缺點比較

優點

1. 可再生性能源，電源轉換過程中無污染排放
2. 分散式發電

缺點

1. 生態破壞，尤其是鳥類的生存
2. 間歇性能量，能量來源不穩定
3. 土地需求
4. 低頻噪音

世界離岸與岸上風力裝置容量統計與未來展望

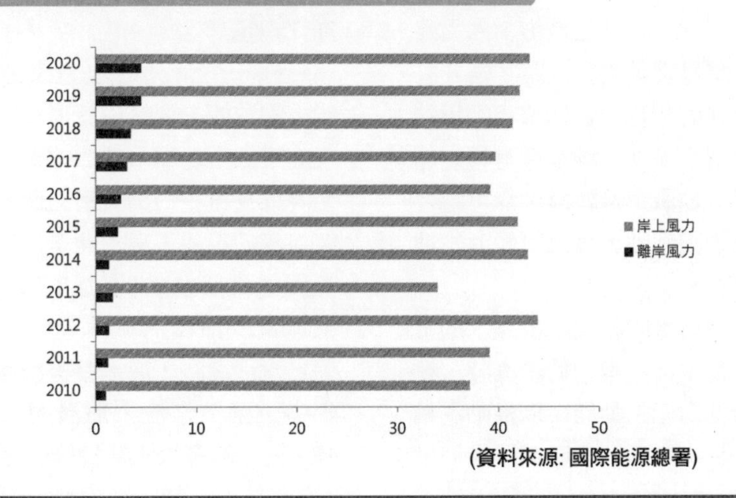

(資料來源: 國際能源總署)

UNIT 6-4

水力能

水力能與風能都是人類運用歷史久遠的能量來源之一，水力發電是目前人類運用較為成熟也較為廣泛的再生能源之一，其原理為應用水的位能轉換後變成動能，再利用渦輪機將動能轉變成機械能與電能。

相較於太陽能發電以及風能發電，水力發電可以說是比較穩定的再生能源，然而水量的多寡仍與季節有關，因此其穩定性仍不及火力與核能發電。

水壩型發電廠與抽蓄水力發電廠

水力發電的原理：利用水位落差，配合水輪機發電機產生電力，也就是利用水的位能轉為水輪的機械能，再由水輪機連接發電機，就此帶動發電機的轉動，而轉為電能。

水力發電中較成熟且常見的有水壩型發電廠與抽蓄水力發電廠，然而建設優良水壩以提供水力發電，需要許多先天條件的配合：包括狹窄山川地形並具備蓄水盆地、壩址擁有穩定的基礎岩層、地層中無斷層、無可溶性岩層或是膨脹性黏土等有可能產生地質災害之處。

水壩型發電廠的原理是依靠水的重力位能，當水從高處往低處流時，會因位能降低而產生動能，以推動渦輪機發電；另一方面，水庫亦可扮演供電系統的儲電機能，具備儲電機能的水庫以抽蓄水力發電廠為主要代表。

以國內的用電環境來說，白天與晚上離峰時間的用電量差距甚大，平常的尖峰負載均是由傳統火力發電廠以及核能電廠的運轉來擔當重要任務，然而這兩種發電廠在晚上降載時，仍保有相當的發電容量可加以利用，如果不進行儲電，則會使這些能源浪費，所以國內於 1987年開始建造明潭水庫為下池，且以日月潭為上池；明潭抽蓄水力發電廠在 1993 年完工，並在 1995 年運轉，目前成為東南亞最大、全球第 9 大的抽蓄水力發電廠。

當夜間來臨時，抽水機將水從明潭水庫泵往日月潭，並將多餘的電力以水的位能儲存在日月潭中，白天再由日月潭洩水至明潭水庫發電。

潮汐能

另外一個常見的水力來源為潮汐能，潮汐能主要是由於萬有引力所造成的現象，地球上的海洋會受到來自太陽以及月亮的萬有引力而引起漲潮與退潮的現象，潮汐能是一種利用漲潮與退潮所造成的位能差以進行發電，是一種潔淨無污染的再生性能源。當漲潮時，海水會經由壩體中的管道，讓海水流入海灣內，等退潮時，海水流經過水渦輪機而發電。

典型水庫示意圖

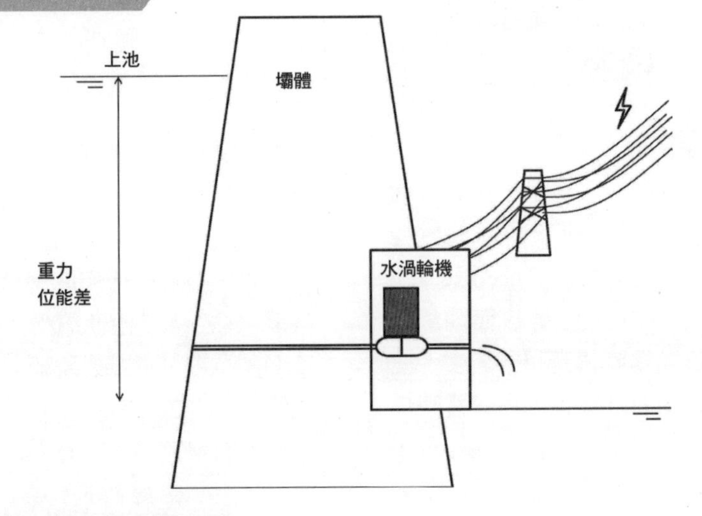

抽蓄水力發電廠示意圖

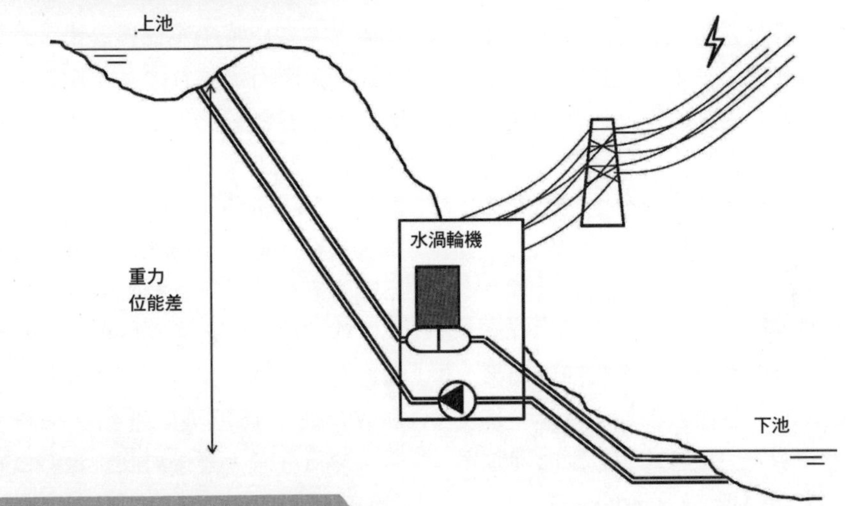

潮汐能水力發電廠示意圖

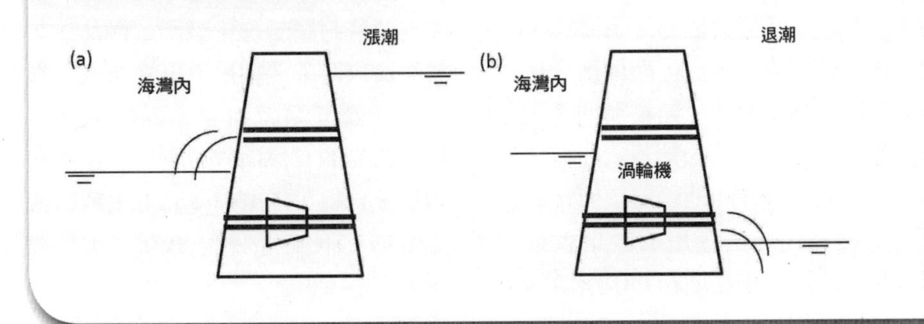

UNIT 6-5
地熱

何謂地熱

地球內部的熱，主要是來自於當初地球形成之時以及地球內部放射性元素衰減所產生的熱（Turcotte and Schubert, 2002），在地核與地函交接處的溫度可達到攝氏 4000 度，使得地底下的岩石被融化，在適當時機下，熔融態的岩石岩漿會有機會冒出地表，或是竄入地殼縫隙之中，當地下水與高溫地熱接觸後會產生蒸氣或熱水而形成溫泉。

地熱能最重要的是要有熱源，地球表面的地熱帶，主要分布於充滿火山活動或是地質活動的地區，例如環太平洋火環帶，台灣也剛好在這個火環帶上，所以有機會成為有地熱潛力的地區之一。

地熱發電

要達到發電應用時，必須使整個系統可以完成一個熱力循環，當溫差越大，發電系統所獲取的能源也就越高，以**卡諾循環**（Carnot cycle）來說，其熱效率與高溫熱儲、低溫冷儲的溫度有關；我們要取得地熱發電，就須取得地下高溫蒸汽，而地熱資源是指蒸汽與熱水兩種，如果從地底下冒出的是以蒸汽為主的熱源，即稱之為乾汽，屬於較好的地熱田，而且蒸氣的乾度越高，其應用的效果就越好；相反的，如果從地熱井中所產的含熱水量較多，則稱為濕汽。熱水對於發電來說，幾乎沒有任何效果，所以濕汽產出就較無經濟價值，以台灣大屯火山區地熱田中的馬槽區為例，其蒸汽產量約為 60-70%，而大磺嘴區的產汽則是以濕汽為主，其蒸汽含量僅約 15-20%。

地熱需要靠地下水在地底下蒸發而產生蒸汽，當地下水不足，亦可使用人工方式將水泵入地下管道中，藉由地熱將之蒸發變成高壓高乾度蒸汽，再用汽井取出推動渦輪機發電，例如冰島就是使用這種方式進行發電。

面對品質較差的地熱田，科學家亦有相關解決方案，例如使用**有機朗肯循環**（organic Rankin cycle）進行發電，有機朗肯循環與蒸汽循環類似，不同之處在於使用低沸點有機物質作為工作流體，當低沸點有機物質接觸較低溫的地熱資源時，可以產生蒸發形成蒸氣，利用蒸氣推動渦輪機發電，蒸氣經過冷凝後再回到蒸發器中吸熱完成循環。

由於有機朗肯循環的工作流體必須要在特殊封閉管道中循環，因此在蒸發與冷凝時都要使用熱交換器進行熱交換，整體系統也必須保持氣密。目前常見的有機朗肯循環用工作體有碳氫氟化物（HFCs：R134a）或碳氫化合物（HCs：丙烷，戊烷、異丁烷等）。

卡諾循環示意圖

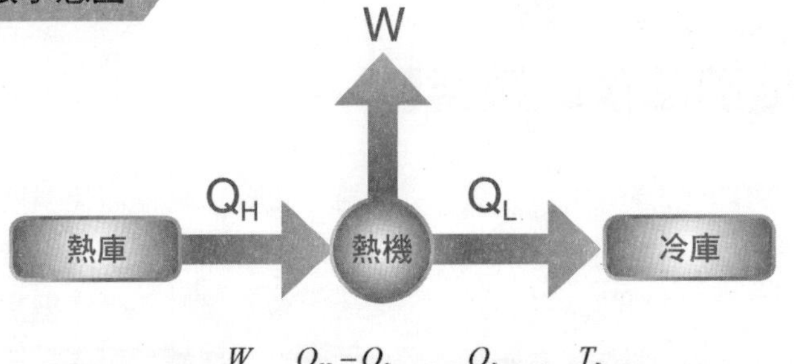

$$\eta=\frac{W}{Q_H}=\frac{Q_H-Q_L}{Q_H}=1-\frac{Q_L}{Q_H}=1-\frac{T_L}{T_H}$$

地熱發電示意圖

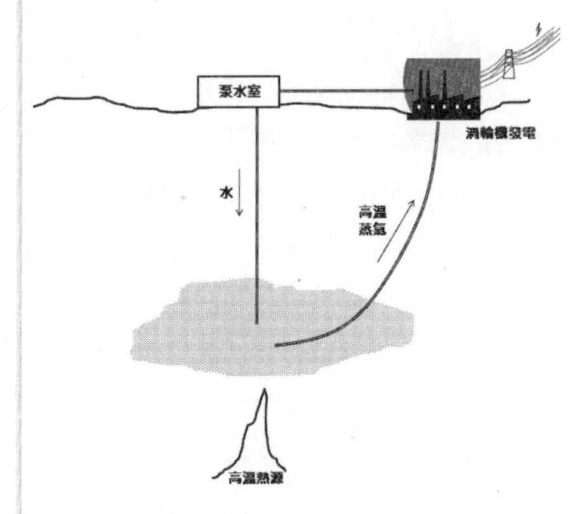

較低溫地熱配合有機朗肯循環發電示意圖

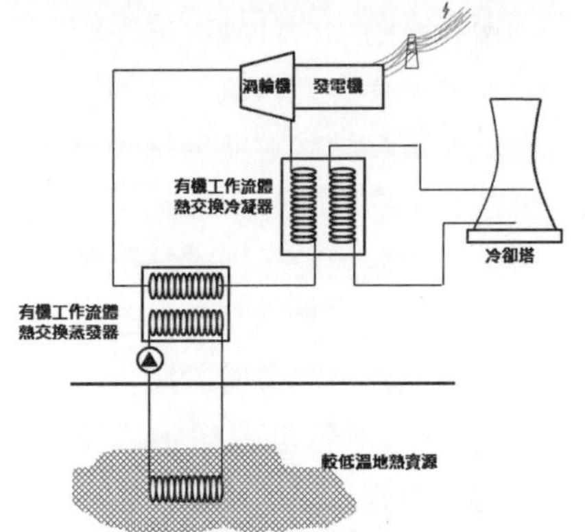

在台灣，地熱資源可以分成兩種：非火山性地質與火山性地熱系統，在非火山性地熱系統中，地熱主要是來自於地殼的溫度梯度。台灣位居歐亞板塊以及菲律賓板塊的交接處，由於地殼運動導致地層隆起，而使地底下溫度較高的岩層可以有機會與地下水系統接觸而產生溫泉；至於火山性地熱，主要是分布在大屯山地區及龜山島。雖然地熱是取之不盡的再生性能源，但是仍有許多限制條件，使地熱之發電應用並非易事，若不考慮發電的應用，地熱資源應用是相當多元的，包含：溫泉（觀光或醫療）、化學品（硫磺或硼礦物）提取等。

UNIT 6-6 地熱熱泵以及空調

當使用者需求溫度較高時，可以再利用熱泵系統加以輔助，熱泵系統的功能，主要是可以用來製熱以供給家庭取暖以及工業飼水預熱等用途。一般來說，地底下的溫度大約在15-20℃之間，倘若使用循環泵將工作流體泵入地底下，經過管道熱交換後再回到屋內的送風機時，在炎熱的夏天可以使房間內的溫度降低，而在寒冷的冬天則可將室內溫度升高，這樣的空調系統並不需要額外的電力驅動壓縮機或者其他製熱設備，僅需花費少許電力驅動工作流體流動。

對於製熱需求較高時，則可利用熱泵系統進行輔助，所謂熱泵是一種可將能量由低溫處移往高溫處的裝置，熱泵的運作必須遵行熱力學第二定律，如，其中明確敘述欲將熱從較冷的地方泵往較熱的地方必須要額外的能量，如果沒有額外能量，而將能量從低溫往高溫處移動時，則違反熱力學第二定律。比較常見的熱泵，係利用相變化的原理進行熱傳，例如：使用較低沸點液體經過減壓蒸發後，從低溫處吸收熱量，使用電能驅動壓縮機，將蒸汽壓縮而使溫度升高，經過冷凝器時，將熱傳出而凝結液化，透過此循環可以不斷地把熱量從溫度較低的地方移轉到溫度較高的地方。如果將恆溫地下環境當成溫度較低的熱儲，透過工作流體以及適當的熱交換器，即可形成地熱熱泵系統。

要特別注意的是，熱泵系統的性能不是用效率加以描述，而是改用 *COP* 能效加以敘述，如右上圖所示，熱泵的 $COP=\frac{Q_L+W}{W}$，其中 W 為熱泵系統所使用的電能，一般來說，熱泵系統的 *COP* 可以達到 3-4 之間，換句話說，使用 1 單位的電能可以換取 3-4 個單位的熱能，因此使用熱泵取暖遠優於使用一般電熱裝置（不考慮損失的電熱裝置 *COP* =1）。

熱泵系統的型式有很多種，如果是從空氣中取熱能的機種，其 *COP* 值很容易受到外在大氣溫度與濕度的影響，當天氣非常嚴寒時，熱泵的 *COP* 將會趨近於1，如果使用恆溫的地下循環系統作為取熱來源，熱泵的 *COP* 將會永遠處於 3-4 之間的高性能運轉狀態（右下圖），在蒸發熱交換器中，熱泵中的工作流體（冷媒因蒸發而吸收熱 Q_L），使用壓縮機壓縮後，在室內機的冷凝熱交換中凝結，並把熱移到室內空氣中，冷媒經過膨脹閥後，進入蒸發熱交換器完成一整個循環。除了室內取暖之外，許多工業也已運用熱泵系統進行飼水預熱。

應用地下恆溫特性之空調示意圖

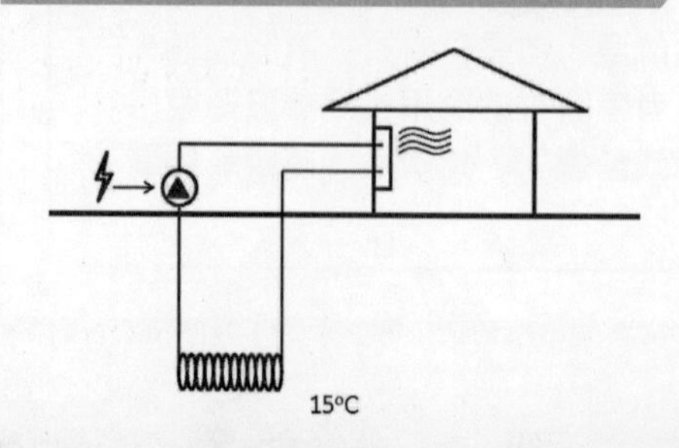

熱泵運作原理示意圖

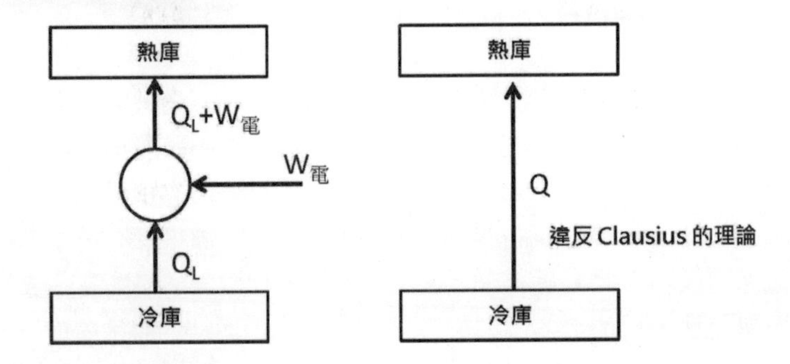

地下水熱泵示意圖

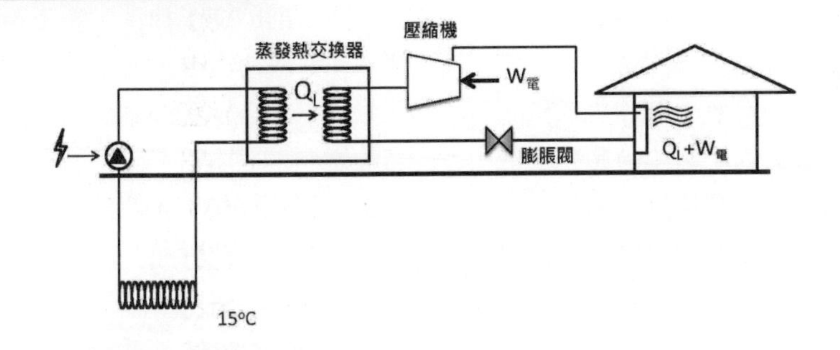

熱泵之應用列表

工業應用	種類	製程
石油化學工業	石油與石油化學品分餾	烷烯類分離
一般化學工業	無機鹽類製造	廢氣/液濃縮
	熱回收	低壓蒸氣增壓
	藥理應用	製程熱水
製木業	製漿	黑液濃縮
	造紙	製程水加熱／閃蒸氣回收
	伐木業	產品乾燥
食品工業	製酒	廢液濃縮
	玉米製粉/製糖	糖漿濃縮
	甘蔗製糖	糖漿濃縮
	酪農業	牛奶濃縮與乳清蛋白
	果汁與一般飲料	果汁濃縮
	一般食品業	製程與用水加熱
其他	自來水	海水淡化
	紡織	製程水加熱／閃蒸氣回收
	供熱	大型室內加熱
	溶劑回收	溶劑/蒸汽分離
	核能	放射性廢物濃縮

UNIT 6-7 生質能（一）：生質酒精

所謂生質燃料，指的是由生命體中所萃取出之能源，無論是透過熱轉化、化學製程或是生物化學製程，均可以生物體中的能源，轉變成固態、液態以及氣態的燃料形式。近年來，由於化石燃料短缺，再加上各個國家對於能源自主的安全需要，生質燃料的需求越來越受歡迎。生質能的關鍵在於碳中立的概念，而此概念是來自於碳循環的概念。生命體透過光合作用，將大氣中的二氧化碳轉化成碳水化合物等有機物質；當生命體死亡或者被燃燒氧化後，會再以二氧化碳的形式重回大氣。由於生質物的碳循環所需的時間遠少於化石燃料，因此當作燃料的植物可以很快地不斷重複種植輪替，因此使用生質能作為燃料可以維持大氣中碳含量的水準。

人類從新石器時代開始即知如何釀酒，釀酒的過程也是人類所開發最早的生物技術之一，透過釀造技術可以製造飲料酒以及燃料用酒精，釀造的過程主要為單醣發酵轉換成為乙醇與二氧化碳（$C_6H_{12}O_6 \rightarrow 2\ C_2H_5OH + 2\ CO_2$ + 熱）。

生質酒精應用於運輸工具的歷史相當久遠，自從福特 T 型車開始，即可完全使用酒精作為燃料，隨著美國賓州與德州油田的發現與開採，石油化學工業快速發展，汽車便捨棄酒精而使用較為便宜的汽油作為燃料。

目前為了因應環保的需求，有許多國家開始使用酒精汽油，所謂酒精汽油，係指汽油中含有特定體積比例的酒精，且以 Ex 汽油為代表符號，其中 x 代表酒精的體積濃度，例如在台灣所販售的 E3 汽油中，含有體積百分比 3% 的酒精。

依照目前的造車技術，新車輛可以使用 E3 酒精汽油，而不需要進行任何修改，許多國家亦推出酒精比例更高的燃料，例如：巴西販售 E22 與 E100（純酒精燃料）汽油、美國販售 E5 與 E85 酒精汽油、歐盟容許的是 E5 及 E85 酒精汽油以及日本許可販售 E3 酒精汽油。

基本上 E20 以內的生質酒精汽油在使用上不需特別修改車輛系統，目前技術使用酒精汽油也有不同優缺點。

另一方面，高濃度酒精會有吸水的現象，因此也許研究學者提出生質丁醇的概念，丁醇為四碳醇，其吸水性以及對特定金屬的腐蝕性均較低，目前需要特殊菌種（例如：Clostridium acetobutylicum 菌）進行發酵，方可取得生質丁醇，然而相關技術仍需要克服許多經濟面與技術面的困難。

在所有的醇類生質燃料的製造過程中，一直為人所詬病的就是其純化過程需要耗費相當多能源，因此，在這方面的研究仍存有許多待克服的難題。

使用酒精汽油的優缺點

優點	缺點
1. 含氧燃料，幫助汽油燃燒完全，減少污染物排放 2. 提高辛烷值 3. 減少化石燃料使用量，減少二氧化碳排放	1. 針對銅與鋅等合金之腐蝕性 2. 鋁合金之腐蝕性 3. 橡膠材料之膨潤、軟化與老化作用 4. 冬天啟動問題

生質酒精製造示意圖

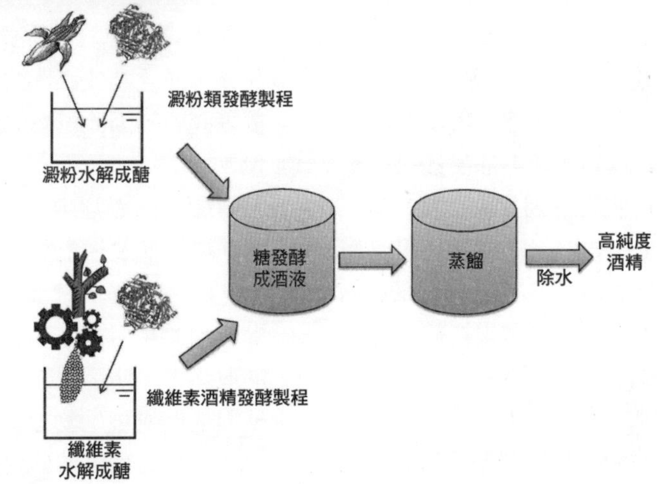

以玉米酒精為例，生質酒精的產製過程第一步必須將玉米或含有澱粉的植物進行蒸煮液化，冷卻至 80℃左右時再加入葡萄糖澱粉酶，使澱粉水解轉變為葡萄糖，加入微生物（酵母菌）進行生物發酵生成酒液，酒液中的酒精濃度會抑制發酵過程，因此一般酒業必須進行蒸餾以取得高純度酒精。

由於使用食物作為生質酒精的製造原料有違道德，因此目前有科學家從事纖維素酒精的製造，在纖維素酒精的製造過程中，多了纖維素水解過程，使用纖維素作為材料時，可以使用芒草、柳枝稷以及玉米稈等非食物性原料，其最大的瓶頸在於開發有效的纖維素水解酵素以及原物料破碎的能源消耗。

UNIT 6-8 生質能（二）：生質柴油

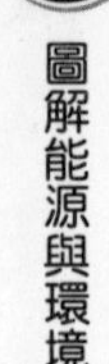

早在魯道夫迪賽爾博士（Rudolf Diesel）發明柴油引擎時就以植物油作為燃料，當時在 1900 年巴黎世界博覽會展出，該柴油引擎使用花生油作為燃料而運轉。1911 年，當時任職於 MAN 公司的迪賽爾博士曾經說過，柴油引擎可使用植物油作為燃料，並幫助農業大國發展使用柴油引擎。

隨著石化工業與油井的大規模開發，石化燃料的價格遠低於植物油，柴油引擎就開始使用石油所提煉的產品作為燃料使用，因此在 1912 年，迪賽爾博士也曾說過，今日使用植物油作為引擎的燃料已經不再重要了，但是有一天植物油會跟現在的石油或煤焦油一樣變得很重要。

很顯然地，一百多年柴油引擎的發明者已經預言到現今的狀況。

基於環保的需求，生質燃料的使用，對於柴油引擎來說是一個很重要的發展。

植物油中主要含有三酸甘油酯，它是由脂肪酸與甘油組合而成，脂肪酸有三種型式：飽和脂肪酸、單元不飽和脂肪酸與多元不飽和脂肪酸。

（1）在飽和脂肪酸中的碳氫基團為由單鍵所構成的烷烴基。

（2）在單元不飽和脂肪酸中則是在碳氫基團中有一個雙鍵，如果在雙鍵旁的氫原子以反式排列，也就是目前廣為人知對身體健康有疑慮的單元不飽和反式脂肪酸。

（3）假若在碳氫基團中含有兩個以上的雙鍵，則稱之為多元不飽和脂肪酸。

雖然植物油可以直接應用在柴油引擎上，但因品質不一，短期上會造成冷啟動困難、燃料濾心與管路黏著阻塞，並造成引擎敲缸等問題，在長期上會造成噴嘴、活塞頂與汽缸頭嚴重積碳，並且造成潤滑油早衰與引擎磨損等問題，因此植物油必須經過轉酯化。

轉酯化的過程中，R_1、R_2 與 R_3分別代表三酸甘油酯中可能不同的脂肪酸，R_4 為醇類的烷基（大部分使用甲醇，因此為甲基），經過觸媒（鹼）的催化下，產生甘油與脂肪酸甲酯。使用生質柴油同樣各有利弊。

目前已知可以作為生質柴油的植物油相當多，例如可以食用的玉米油、沙拉（黃豆）油、菜籽油、葵花油、棕櫚油等，然而使用可食用油作為生質燃料的原物料有違道德，因此有許多其他非食用油選項，例如：蓖麻油（含蓖麻毒素）、痲瘋樹油（含痲瘋毒蛋白）以及有毒的桐油等植物油。

另一種可以作為生質燃料的是廢棄食用油，然而廢棄食用油的處理會比前述的原物料還要來得複雜，因為食用油經過油炸後會含有許多食物蛋白質等雜質，且會改變油的酸價而造成轉酯化反應過程的影響。

各種脂肪酸

順式單元不飽和脂肪酸

飽和脂肪酸

多元不飽和脂肪酸

反式單元不飽和脂肪酸

植物油轉酯化示意圖

三酸甘油酯 + 甲醇 ⇄ 甘油 + 脂肪酸甲酯

$$\begin{matrix} H-C-O-C(=O)-R_1 \\ H-C-O-C(=O)-R_2 \\ H-C-O-C(=O)-R_3 \end{matrix} + \begin{matrix} R_4-C-O-H \\ R_4-C-O-H \\ R_4-C-O-H \end{matrix} \rightleftharpoons \begin{matrix} H-C-O-H \\ H-C-O-H \\ H-C-O-H \end{matrix} + \begin{matrix} R_4-O-C(=O)-R_1 \\ R_4-O-C(=O)-R_2 \\ R_4-O-C(=O)-R_3 \end{matrix}$$

NaOH

氫氧化鈉

(觸媒)

使用生質柴油的優缺點

優點

1. 使柴油內燃機熱效率較高
2. 降低 BSFC 油耗
3. 降低排氣
4. 溫度
5. 排氣中煙度降低

缺點

1. 噴嘴、濾心阻塞與積碳等問題
2. 橡膠片膨潤
3. 生質柴油亦吸水而造成燃料供應機件磨耗
4. 純生質柴油十六烷值較低，冬天冷啟動不易

UNIT 6-9
先進生質燃料技術

近年來，除了生物發酵的生質酒精以及轉酯化生質柴油之外，生質熱裂解製程也受到許多學者的青睞與研究，熱化學製程是一個缺氧環境下的高溫分解反應，透過不同溫度的控制，可以有效將生質原物料轉變成生質固態、液態以及氣態燃料。

在生質廢棄物中主要有澱粉、蛋白質、基本油質、天然橡膠、棉/麻/纖維、脂肪酸/三酸甘油脂、木質素及纖維素等。這些基本組成，有許多可作為工業用品原料，有些可以作為人類衣著原料的來源，也有些可以作為人類糧食的來源。

纖維素類的生質物能源化技術是作為可提供有機碳、生質燃料的來源，也能提供足夠液態燃料的穩定料源。纖維素生質物主要成分包括**纖維素**（Cellulose）、**半纖維素**（Hemicellulose）及**木質素**（Lignin）等。

生質物中約含有 40-80% 纖維素、15-30% 半纖維素及 10-25% 木質素，這些結構成分可以藉由不同處理方式產生不同的產物，如葡萄糖聚合物、葡萄糖、木糖、樹膠醛糖和六碳糖等，因此生質物成分可依需求進行不同的處理程序。

近年來熱化學轉換技術頗受業界與學術界的注意，透過不同溫度的熱化學轉換可以區分成**快速熱裂解**（fast pyrolysis）、**碳化**（carbonization）與**氣化**（gasification），其中快速熱裂解可以製作出最多的液態產物，對於後續的能源與燃料使用有較佳彈性，一般來說，快速熱裂解技術也能製造出許多相關產物。

生質能轉換技術

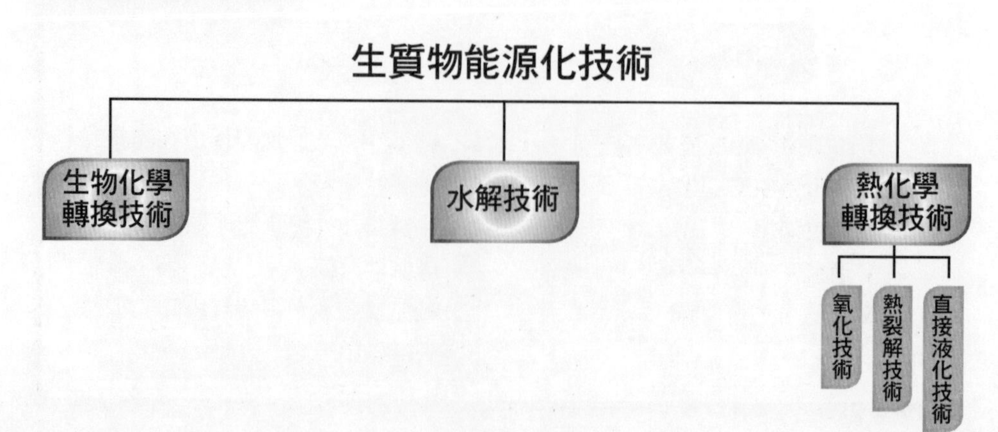

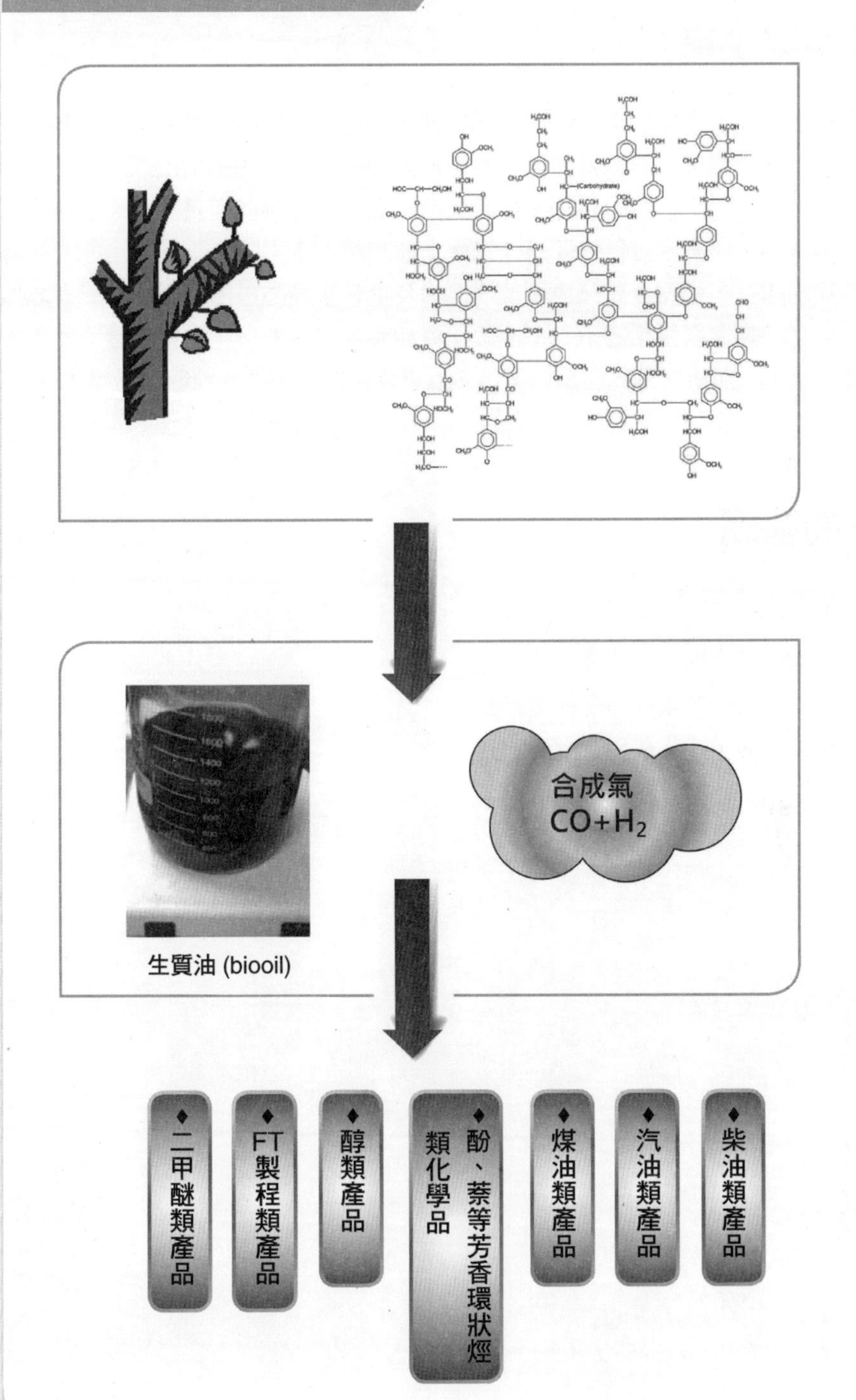

快速熱裂解技術的產品與應用
(Carbohydrate)
生質油 (biooil)
合成氣
CO+H2
二甲醚類產品
FT製程類產品
醇類產品
酚、萘等芳香環狀烴類化學品
煤油類產品
汽油類產品
柴油類產品

本章小結

在本章中網羅了常見的再生能源形式，其中包括：太陽能、風力、水力能、地熱能，與生質能源等，針對各種再生能源形式中較為常見的技術加以介紹，可再生能源的使用，迄今仍然受到許多技術上的限制，以太陽能與風力來說，它們都有來源不穩定、能源密度低的問題；以水力能來說，水力能必須要有良好的能源轉換裝置之建設，相關建設又會與環境保護及生態永續造成衝突；地熱能與地區有關，而且地熱能取得相當不易；至於生質能源則有可能與食物耕地造成競爭。到目前為止，人類所使用的能源中，仍多以燃燒熱能為主要能源取得過程。

問答題

1. 太陽能的使用技術瓶頸為何？
2. 說明太陽能熱水器在台灣應用的前景。
3. 討論水力發電對於環境與生態之影響。
4. 生質燃料的使用與食物競爭議題討論。
5. 何謂有機朗肯循環？除了地熱應用之外是否還有其他可應用之用途？

永續概念

章節體系架構

本章重點

1. 認知何謂永續。
2. 認知各種永續的特徵及因應對策。
3. 體會包含：環境、空氣、水資源以及土地永續的重要性。

UNIT 7-1
環境保護的意義

人類生存在地球環境時，必須時時刻刻考慮到永續的概念，永續擁有永源且持續生存繁衍的意思，整個地球的生態環境是一個可以獨立且正常運作的生態系統，然而人類人口數的膨脹、資源的使用，以及環境的破壞已經造成人類文明的威脅，當環境以及整個生態系統受到人類文明持續衝擊時，人類最後也會嚐到滅亡的苦果，透過本章內容可以建立讀者對於永續概念的基本認知與常識。

人類生存在地球上，其文明的擴展與人口的成長，直接衝擊到生活周遭的環境，工業與農業的污染日漸嚴重時，人類警覺到環境傷害對己身的影響時，便開始了以法律為手段的環境保護政策。

環境保護並不是要將現有的文明生活完全破壞而回到原始時代；在人類的文明中，環境生存、社會發展與經濟發展是三大要素，也就是，說環境保護的目標是要達到一個永續發展的平衡點。

以經濟面來說，經濟的活動必須帶來營利，然而其成本不應建立在環境破壞的成本上，所以人類在環境保護上必須是最重要的層次，其次是社會，最後才是經濟發展，無論是社會或經濟領域，都必須受限於環境的極限。

小博士解說

永續發展的社會已經發展出四個面向的整體框架，分別為：設施與基礎建設、社會與文化生活、發言權與影響力以及成長空間。1998年獲得諾貝爾經濟學獎的阿馬提亞・沈 (Amartya Sen) 對於永續社會則提出了以下的原則與見解：

1. 公平正義：社會應當提供平等的機會與努力的報酬給所有的社會人，尤其是社會中貧窮與弱勢族群。
2. 多樣性：社會保障並且鼓勵文化多樣性。
3. 生活品質：確保社會成員對於生活的基本需求，並且培育個人性與團體性佳的生活品質。
4. 民主與法治：社會應提供民主機制與公平的法治程序。
5. 社會成熟度：優良且成熟的社會成員溝通形式、行為模式、潛移默化的教育以及寬廣的社會貢獻觀念。

人類文明三大要素之永續性關係圖

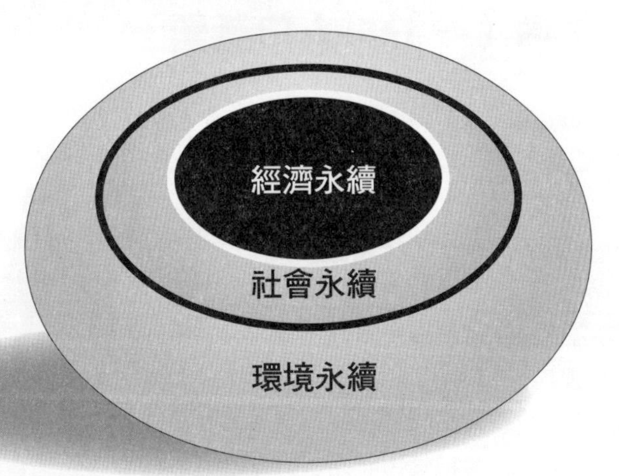

人類文明三大要素之永續性關係圖

UNIT 7-2 永續（一）：永續（一）：人口議題

永續（sustainability）一詞，雖說簡單兩個字，若是應用在環境、經濟以及社會人文議題時，則是一個相當複雜的課題，此詞當然包含了持續恆定發展的意味。

以生態的角度為例，永續發展可被定義為能自我維持一切生態演化過程、生物豐富多樣性與未來的繁衍活力，由於各種永續的說法相當複雜而且涵蓋的範圍相當廣，因此已將各種永續之定義與特點進行分類。

人口議題

目前全球前五高生育率與前五低生育率國家，其中尼日共和國以每位女性平均生育 7.03 個小孩為最高，而新加坡每位女性平均生育 0.79 個小孩或最低生育率國家，台灣則以 1.11 個小孩與香港並列前三低生育率國家。

依照目前美國中央情報局所提供的全球生育率資料指出，越是經濟起飛的先進國家，其生育率越低；相反地，窮困且經濟力低落的非洲與部分中東國家，生育率反而相當高。低生育率將會使人口急速萎縮，造成嚴重社會問

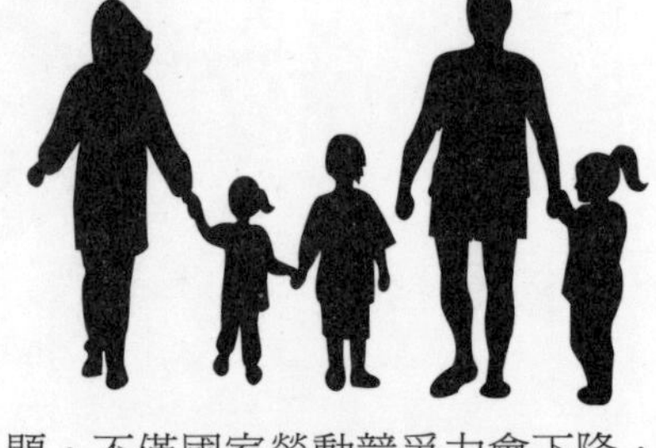

題，不僅國家勞動競爭力會下降，更會凸顯社會老年化的特性，屆時較少量的勞動人口必須負擔大量老年人口的社會福利資源。

少子化問題不單單是國內的問題，在世界上的許多國家地區都有相同的狀況，例如：中國、日本、韓國、以及歐美先進國家。

顯然地，如果要使人口可以永續發展，推行政策使生育率提高是必要的措施，例如：大幅增加獎勵生育政策搭配完善的社會保險體制。在不考慮新生男嬰與女嬰的差距，並且假設女性在可孕年齡期間沒有死亡的情況下，如果要使人口發展永續，則必須將生育率提高到 2 以上。

目前國內的生育率所造成的社會問題尚未明顯出現，目前台灣的總體人口仍約以 0.23% 的比率上升，然而一旦開始減少時，可以預期地，其下降的速率將會是一個相當危險的數據。

各種永續的定義與因應策略

不同的永續種類	定義與特點	人類的衝擊	可能策略
永續環境人口承載力	自然環境可以容納人類的最高容許量，在此容許量下，食物、水資源、人類廢棄物均能在此環境中保持恆定	人口迅速膨脹	人口計畫與控制
大氣永續	大氣中含有各種循環以及各種氣體的交互作用	污染排放、臭氧層分解、溫室效用	有效控制有害污染物排放
海洋永續	海洋提供大氣穩定氣候的重要機制，並且提供部分人類食物	海水污染、廢棄物排放、漁獲濫捕	水污染控制，人工養殖以及計畫性捕撈
土地與森林永續	土地提供人類居住之所，而各種森林、濕地可以維持地球氣候穩定，並提供光合作用產生氧氣之機制，在土地上各個生態維持生物多樣性	居住地、農業與工業用地擴張，造成森林與濕地及其生態破壞	育林、濕地保護，並嚴格控制各種濫墾濫伐
能源永續	能源是人類文明的經濟命脈，沒有能源時，人類的社會與經濟將無法發展	人類大量使用化石能源，造成大量二氧化碳與污染物排放	再生能源推廣與大範圍使用

全球前五大高生育率與低生育率排名

生育率前五高	生育率（小孩出生數/女性數）	生育率前五低	生育率（小孩出生數/女性數）
尼日共和國	7.03	新加坡	0.79
馬利共和國	6.25	澳門	0.93
索馬利亞	6.17	台灣	1.11
烏干達	6.06	香港	1.11
布吉納法索	6.00	韓國	1.24

(2013年美國中央情報局資料)

第7章 永續概念

UNIT 7-3 永續（二）：大氣與氣候議題

人類的文明與發展在大氣中造成了空氣污染，包含：氮氧化物、硫氧化物、揮發性有機物、氟氯碳化物以及粒狀污染物，從而衍生出酸雨、臭氧層破壞，以及全球地表**太陽輻射減少**（global dimming）的問題；另外一方面，人類所排放的溫室效應氣體，則會造成大氣平均溫度上升以及海平面上升的危險。

由於人類意識到全球暖化問題的嚴重性，為了未來人類生存之永續，全球減碳大事紀亦如火如荼進行中，聯合國在 1992 年通過**聯合國氣候變化綱要公約**（United Nations Framework Convention on Climate Change, UNFCCC），並於1994 年3月 21 日正式生效，1997 年 12 月聯合國氣候變化綱要公約參加國於第 3 次會議中制定《京都議定書》（*Kyoto Protocol*），期能將大氣中的溫室氣體濃度控制在一個適當水準，防止劇烈的氣候變化對人類造成傷害。

然而在減碳議題上，開發中國家以及已開發國家總是在國家發展利益上發生衝突，再加上全球能源消耗與排碳量居於領先地位的美國總是對此議題抱持相當保守的態度，因此全球排碳控制之推展上發生許多障礙與困難。

2009 年聯合國氣候變化綱要公約參加國第 15 次會議本應誕生一具備效力之哥本哈根議定書，然而在諸多國家不能達成共識的情況下，僅通過一不具效力之**哥本哈根協議**（Copenhagen Accord），為了彌補新協議誕生的空窗期，2012 年 12 月8日，聯合國氣候變化綱要公約參加國於第 18 次會議中，決議將 2012 年到期的《京都議定書》延長效期至 2020 年，根據《京都議定書》，期能在 2050 年前將全球平均溫度的升幅降低到 0.02-0.28℃。根據政府間氣候變化專門委員會（IPCC）於 2014 年的報告指出，目前全球暖化與氣候變遷已經衝擊到目前的糧食供給，倘若再不管制溫室氣體，嚴重、普遍且無法逆轉的災害衝擊將在人類眼前呈現，屆時嚴重的生態危機、糧食供應衰退與劇烈天氣變化，包含：熱浪、洪水、風災、雪災，都將危害到人類的生存與安全。

除了減碳議題之外，另外一個值得注意的大氣永續議題是關於臭氧層破壞的問題，從本書第五章的內容可以理解到臭氧層破壞對於人類的傷害與影響，為了控制大氣中臭氧層的厚度，1985 年 3 月 22 日召開保護臭氧層外交大會，並簽訂「保護臭氧層維也納公約」，並在 1987 年 9 月 16 日邀請所屬 26 個會員國在加拿大蒙特婁簽署「蒙特婁破壞臭氧層物質管制議定書」，該議定書自1989年1月1日起生效，並針對數種氟氯碳化物進行嚴格管制。

全球減碳大事紀

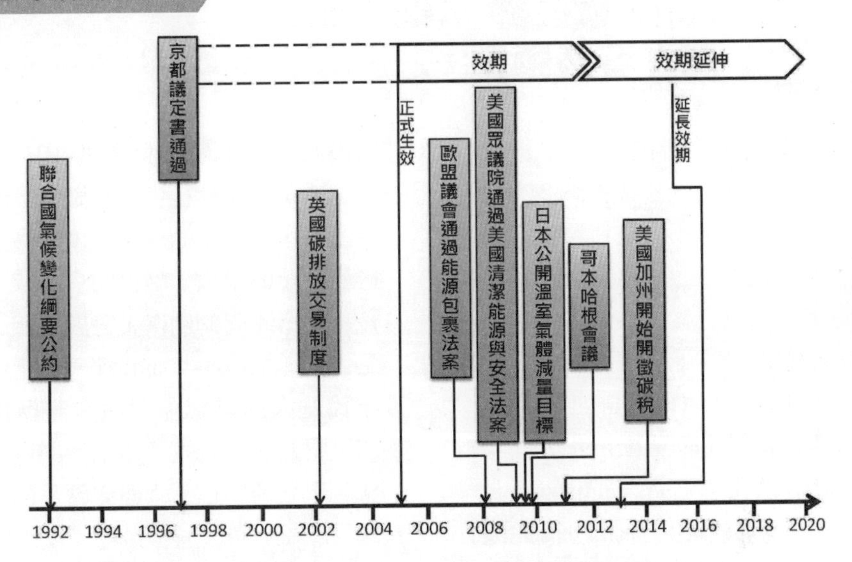

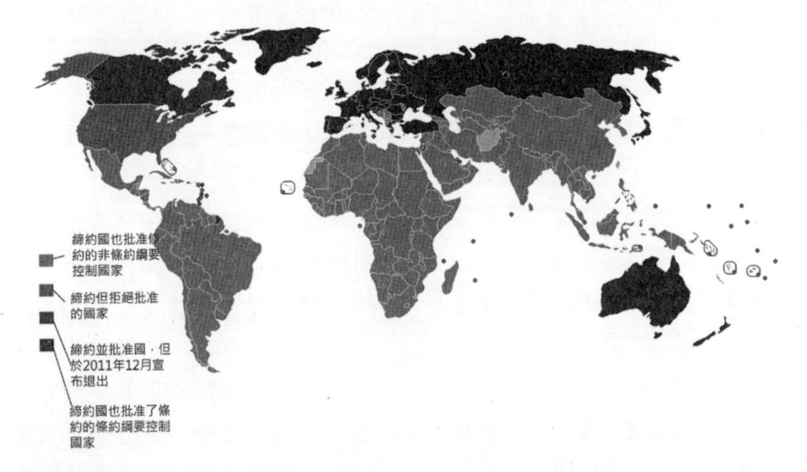

我國並非「蒙特婁破壞臭氧層物質管制議定書」的締約國，但基於環境保護以及人類永續之福祉，行政院環境保護署制定「蒙特婁議定書列管化學物質管理辦法」，並規定自 1994 年 1 月 1 日起禁用海龍（Halons），1996 年 1 月 1 日起，氟氯碳化物（CFCs）與其他全鹵化氟氯碳化物、四氯化碳、三氯乙烷以及其他不完全鹵化氟溴化物（HBFCs），均全面禁用，而自 2002 年 1 月 1 日起，完全禁用一氯一溴甲烷（CH_2BrCl）。

UNIT 7-4 永續(三):海洋資源議題

海洋在地球環境中扮演氣候與天氣控制的重要角色，也提供許多人類食物來源，當人類不斷破壞環境造成海洋型態改變時，也連帶造成許多連鎖反應：

1.**海平面上升**(seal level rise)
2.**過度捕撈**(over fishing)
3.**海洋酸化**(ocean acidification)
4.**衍生珊瑚礁減少**(coral bleaching)

以及生態浩劫等問題。

1. 海平面上升

此為目前人類非常關心的議題，極地冰川與冰原是整個地球水循環的重要角色之一，由於氣候暖化，使得極地的冰川退縮，並且伴隨著永凍層有融化的現象，隨著冰的溶化，也導致海水量增加，進而造成海平面上升，其後果將影響平原陸地、農田與耕地減少，並造成食物短缺，更嚴重的是，還會有許多國家有國土喪失甚至滅亡的危機，例如：吐瓦魯、馬爾地夫、巴布亞紐幾內亞等島國。欲控制海平面上升，控制目前大氣平均溫度的上升幅度是不二法門。

2. 過度捕撈

海洋中孕育著一部分可以提供人類食物的魚，這些魚也是海洋生態系中重要的一環，當人類過度捕撈時，會造成生態及魚種分布狀況的改變，通常過度捕撈可區分成三種類型：幼魚過度捕撈、成魚過度捕撈及生態系統失衡。幼魚過度捕撈會造成成魚減少，成魚不僅能提供較多食物，也可持續繁衍後代；而成魚過度捕撈則會影響幼魚的繁殖，嚴重時會造成整個魚種繁衍系統的崩潰，最顯著例子就是大西洋鱈魚(Atlantic cod)，1950年代的大西洋鱈魚捕獲量創歷史新高，緊接著就發生了魚種族群崩潰事件，至目前為止，大西洋鱈魚已被列為易危(VU)等級的保育類動物。

3. 海洋酸化

此問題是大氣中二氧化碳及其他酸性氣體過度排放的衍生結果，海水吸附二氧化碳並生成碳酸鈣，是地球上碳循環與碳固定的重要程序之一，二氧化碳溶解在海水中時會形成碳酸，當碳酸或其他酸根濃度上升時，水中的氫離子也會跟著上升而造成PH值下降。在海水中，碳酸鈣是許多甲殼類以及珊瑚骨骼的重要成分之一，當海水酸度上升時，碳酸鈣的成形將會減緩，嚴重時會造成碳酸鈣溶解。

4. 珊瑚礁減少

在海洋中，珊瑚蟲的骨骼構成了珊瑚礁的結構，近年來珊瑚死亡並且減少的原因相當複雜，而且許多原因之間又有交互關係，目前已知珊瑚礁的死亡與減少和大氣溫度上升有關，而大氣溫度上升又與大氣二氧化碳濃度增加有關聯，不僅如此，二氧化碳濃度增加也會造成海洋酸化，導致以碳酸鈣為骨骼的珊瑚蟲無法生存。

冰川在水循環中的角色

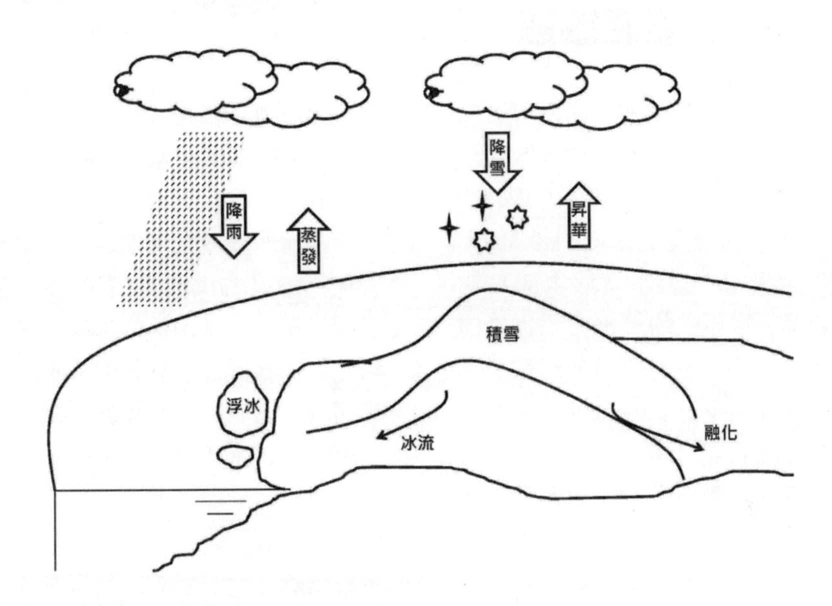

海洋資源型態改變的連鎖反應

UNIT 7-5 永續（四）：水資源議題

如同本書第一章所述，人類可以使用的淡水資源非常匱乏，因為真正在湖泊與河流中方便我們使用的地表淡水，只有所有淡水中的 0.3%，也就是說，這些淡水僅佔全部水的 0.0075%。世界上的淡水資源也分佈相當不均，主要缺水區域分佈在非洲與亞洲，因此聯合國從 2005 年起即推動水資源行動計畫，期許能夠讓全球人口都逐漸擁有公平使用水資源的權利。

很顯然的，水資源的短缺已經成為 21 世紀許多社會和世界面臨的主要問題之一。水資源的匱乏與水資源危機不僅會影響到人類生存，也會對生態產生毀滅性的衝擊；據統計，目前全球約有 8 億 8 千 4 百萬人缺乏飲用水（WHO/UNICEF, 2008），25 億人缺乏衛生與清潔用水（WHOUNICEF, 2011）。

以台灣的地理環境來說，台灣地小人稠，最長的溪流也不過 187 公里（濁水溪），當山區降水後，如不採取人為措施保存，珍貴的淡水資源會迅速流入海中。人為措施主要是興建水庫，興建水庫可以達到蓄水、防洪與潔淨發電的好處，然而興建水庫也會導致其他問題產生，例如：人文與景觀改變、生態系統改變、泥沙流出量改變所導致的海岸線問題；在台灣除了水資源保存不易之外，尚有地下水過度使用，導致地層下陷與海水入侵等問題。

全球低衛生條件人口數（百萬人）

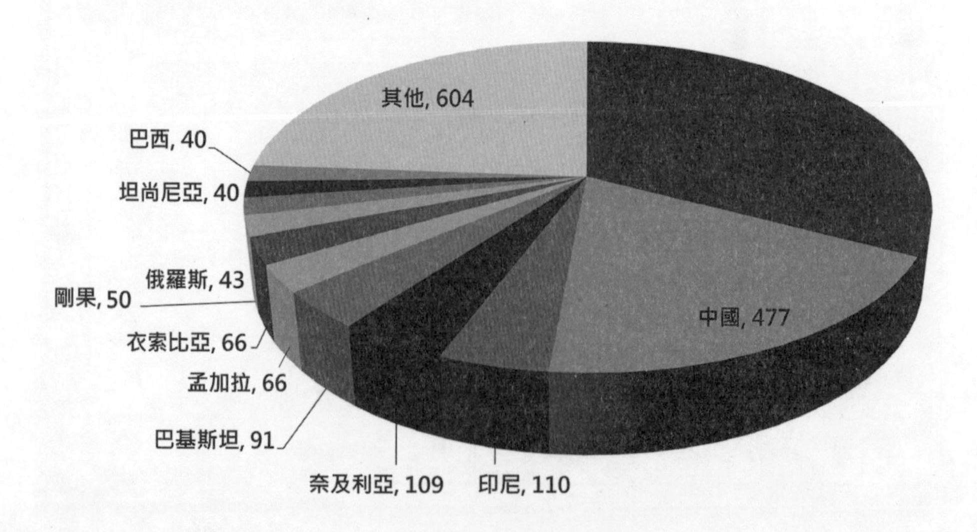

全球水情危機分佈圖

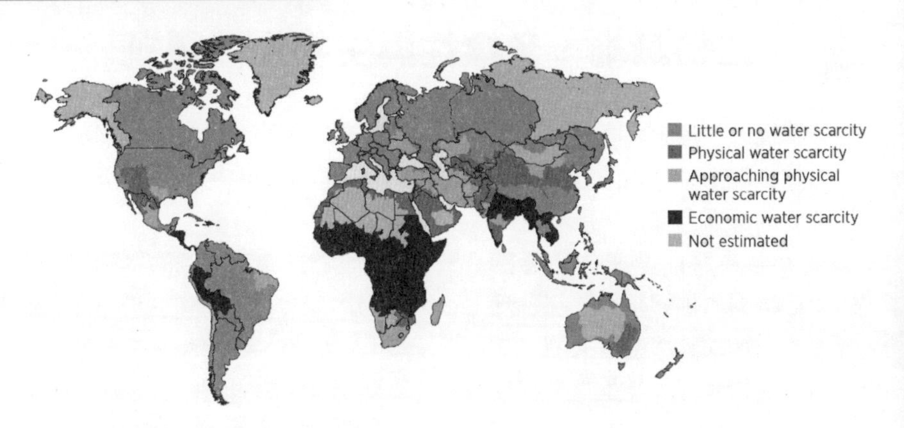

國際行動十年——生命之水 (2005-2015)

聯合國水資源組織(UN-Wate)是屬於聯合國的一個關懷全球水資源的組織，2005年起開始推動「國際行動十年——生命之水(2005-2015)」，其主要目的在於推動將水和衛生設施置於世界應關注的重要議題。水是生活的必需品，生活在地球上的生物離開它就無法生存，它是人類健康、福祉以及保護環境的一個重要前提。

然而，世界上每10個人中就有4個人甚至連一個簡單的坑式廁所都沒有，每10個人中就有2個人沒有安全的飲用水源。每年，數百萬計的人(其中大多數是兒童)，喪命於與供水不足和衛生條件差有關的疾病。

根據世界衛生組織的統計，每天約有3,900名兒童因為骯髒的水或衛生條件差而死亡，通過水或人體排泄物傳播的疾病是繼呼吸系統疾病後更是造成世界各地兒童死亡的第二大原因。缺水、水質較差及衛生設施不足嚴重影響世界各地貧困家庭的糧食安全、生計選擇和受教機會，與水有關的自然災害，如洪水，熱帶風暴和海嘯更給人類的生活帶來了沉重的代價和苦難。對世界上的一些國家而言，水已成為國家主要的能源供應來源；對農業和許多工業來說，水也必不可缺。在很多國家，它彌補並成為運輸系統不可分割的一部分。在進步科學認識的文明下，國際社會也充分地體會到與水相關的生態系統所提供的如控制洪水、風暴保護到水淨化等服務的價值。未來幾年，水資源面臨的挑戰將大幅增加。持續的人口增長和收入上升將導致用水量增加和更多廢棄物產生。發展中國家的城市人口將大幅增長，所產生的需求將遠遠超出原本已供水不足、貧乏的衛生基礎設施和服務的承受能力。據聯合國世界水開發報告，到 2050 年至少有四分之一的人可能生活在慢性或週期性淡水短缺的國家。

UNIT 7-6 永續(五)：生物滅絕、多樣性與生物入侵議題

在地球環境中，擁有許多不一樣的生物型態、生態系統，以及經過多年演化所造成的基因多樣性，所有生物均依靠著非常複雜而緊密的生態關係，這一個脆弱的生態平衡往往會受到人類因素而造成破壞或者失衡，其結果會造成生物滅絕以及生物多樣性的減少。

生物滅絕指的是一個物種的完全消失，一個物種的滅絕有許多原因，當然可能包含了人類的因素，其中包含了自然的基因突變、生態轉變、疾病，人類濫捕或者是污染排放等因素。

人類歷史上具備完整記錄的有名生物滅絕，就是模里西斯島上的渡渡鳥（Dodo）滅絕事件，渡渡鳥是一種與鴿子同屬鳩鴿科下的鳥類，從人類在 1505 年發現到 1660 年代左右就完全滅絕。渡渡鳥無法飛行，生性溫馴而且在島上沒有其他天敵，當人類來到模里西斯島時便開始濫捕渡渡鳥，不僅如此，又帶來了許多在模里西斯島上本來沒有的各種動物，這些外來生物會佔據原有生物的棲息地，使得生態完全被改變而導致整個生物物種的滅絕。

由於人類疏忽或者是有意地引進其他物種到原不屬於棲息地的狀況稱之為外來物種入侵，外來物種很容易因為沒有天敵的因素而大量繁殖，影響到原來棲息地的物種，甚至會造成原棲息地物種的滅絕。

在台灣外來種入侵的案例相當多，例如：原屬南美洲的紅火蟻、福壽螺、布袋蓮、銀膠菊、銀合歡等，以及原屬非洲的非洲大蝸牛、吳郭魚（非洲鯽）、非洲鳳仙花等。

有鑑於此，聯合國教科文組織成立了**國際自然保護聯盟**（International Union for Conservation of Nature and Natural Resources, IUCN），該組織成立的用意在影響、鼓勵及幫助全球各地，保護自然界的完整性與多樣性，並確保使用自然資源上的公平性，及生態上的永續發展。

國際自然保護聯盟於 1963 年開始編製**國際自然保護聯盟瀕危物種紅色名錄**（IUCN Red List），其中收錄了個物種以及亞種的滅絕風險，並且將各種物種分類成數個級別。

國際自然保護聯盟所定義之生物保護狀況

等級	代號	生物例
滅絕	EX	恐龍、渡渡鳥、台灣雲豹
野外滅絕	EW	梅花鹿
極危	CR	俄羅斯鱘魚、櫻花鉤吻鮭、藍喉金剛鸚鵡
瀕危	EN	黑猩猩、亞洲象
易危	VU	大白鯊、獵豹
近危	NT	棕狼、美洲豹、帝雉
無危	LC	人、原鴿、榕樹
缺乏數據	DD	折背龜
尚未評估	NE	虱目魚（milk fish）

台灣外來種生物是指台灣原來並不存在自然分布，而是經由人為無意或是刻意引進的生物物種。這些外來種生物有些是對於人們有益，但某些種類則會造成生態環境的破壞，這種具有破壞性的生物又稱之為入侵種。這些入侵種會藉由雜交、傳播疾病、生存競爭與搶奪食物使得原有的生態生物多樣性消失以及原生物種滅絕等嚴重問題。台灣較為有名的外來物種按照動物與植物分別計有：

動物

緬甸小鼠　巴西龜　亞洲錦蛙　福壽螺
白尾八哥　多線南蜥　琵琶鼠魚　入侵紅火蟻
白腰鵲鴝　牛蛙　魚虎　河殼菜蛤

植物

小花蔓澤蘭　象草　豬草　布袋蓮
香澤蘭　大黍　槭葉牽牛
銀合歡　銀膠菊　馬纓丹

UNIT 7-7 能源永續：氫經濟與永續碳經濟——甲醇經濟

所謂的能源永續所談到的範疇包含了各種可再生性能源，相關再生能源已經在第六章有完整的說明，在此特別要提的是**氫經濟**（hydrogen economy）與**永續碳經濟**（sustainable carbon economy）的比較。

氫經濟

氫經濟一詞創始於 1970 年代，當時全球正遭遇第一次能源危機，任職於美國通用汽車的約翰布克里（John Bockris）演講時談到如何應用氫作為未來主要能源的概念。氫在大氣中並無法自然地存在，且會逸散於太空之中，因此氫氣所扮演的角色應稱之為**能源攜帶者**（energy carrier），它可攜帶不同形式的能源並應用於車輛系統上，例如將太陽能、風能、水力能等能源應用在運輸車輛上。

氫經濟整體系統所包含的層面相當寬廣，其中包含：氫氣製造、運送、儲存、氫能源教育、法規認證、使用安全、技術驗證、車輛系統技術以及燃料電池等。

目前氫氣的來源相當多元，最經濟的來源是從石化工業而來，例如蒸氣重組、烴裂解、煉油製程尾氣以及煤炭氣化，然而從石化燃料而來的氫氣並不算是潔淨能源，因為產製氫氣的過程中也伴隨著二氧化碳的排放與其他空氣污染。因此欲得到潔淨氫氣勢必要使用潔淨能源（太陽能、風能、水力能、地熱能等）來進行水的分解，各種潔淨水的分解技術有：電解、熱分解、藻類製氫、細菌發酵、酶反應、生化電解等技術。以氫氣作為能源攜帶者的應用在車輛工業上最具代表性，目前較為成熟的有燃料電池與氫內燃機兩種。雖然燃料電池在現今是很新穎的技術，但是它發展於 19 世紀中，直到 1959 年為了因應太空工業的發展，美國太空總署開發出一個實用的燃料電池，燃料電池發展至今已經有許多種燃料電池被開發，如所列為各型燃料電池以及其特徵。

截至 2014 年為止，許多車廠均推出燃料電池車的原型，但是尚無實用的車輛上市，其中有許多技術有待克服，例如：氫氣的運送與基礎建設、車輛氫氣儲存、燃料電池穩定性等技術層面的問題。

至於使用氫氣於內燃機之技術，目前較為知名的為 BMW 7 Hydrogen 車款以及 Mazda RX-8 Hydrogen RE，前者使用冷凍液態氫儲存槽並使用 6 公升 V12 引擎驅動，後者使用高壓鋼瓶儲存氫燃料並使用雙轉子 1308CC（等效2616CC）轉子引擎燃燒驅動。燃燒氫的最大問題就是在於氫與空氣混合燃燒後，產物的總莫耳數比反應物的總莫耳數小，相較於使用汽油為燃料，相同排氣量的引擎只能輸出約一半的功率，而且燃燒過程會因為燃燒溫度較高而產生氮氧化物。

氫經濟涵蓋層面圖

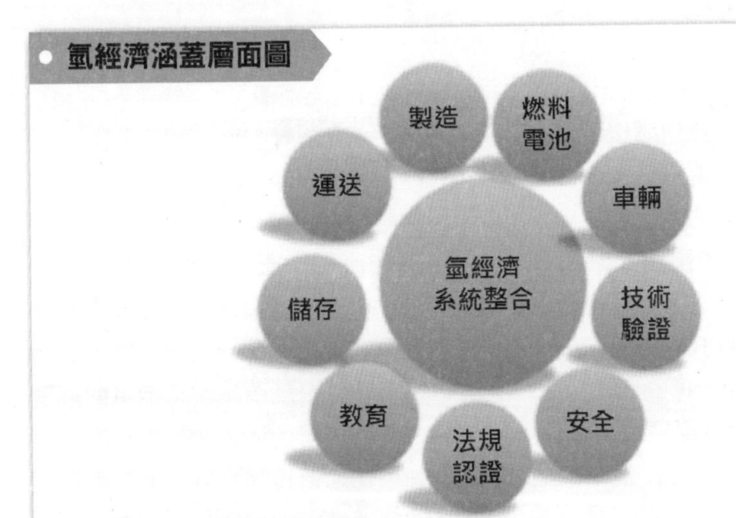

燃料電池種類及其特徵

燃料電池種類	質子交換膜燃料電池（PEMFC）	鹼性燃料電池（AFC）	磷酸型燃料電池（PAFC）	熔融碳酸鹽燃料電池（MCFC）	氧化物燃料電池（SOFC）
電解液	全氟磺酸	氫氧化鉀水溶液	磷酸	鋰鹽、碳酸鈉、碳酸鉀	釔穩化氧化鋯
操作溫度（℃）	50-100	90-100	150-200	600-700	700-1000
容量（kW）	<1-100	10-100	400	300-3000	1-2000
效率估計	35%-60%	60%	40%	45-50%	60%
應用	1. 備用電源 2. 可攜式電源 3. 分散式發電 4. 運輸工具	軍事、太空工業	分散式發電	電力系統與分散式發電	輔助動力、電力系統、分散式發電
優點	1. 可快速起動 2. 固態電解液方便使用 3. 低溫操作	1. 成本低 2. 高效能	1. 高溫操作，適合熱電共生（CHP） 2.燃料中雜質耐受度高	1. 高效率 2.燃料種類彈性大 3.適合熱電共生（CHP）	1. 高效率 2.燃料種類彈性大 3.適合熱電共生（CHP） 4.固態電解液 5.可與氣渦輪機整合
缺點	1. 貴金屬觸媒成本高 2. 燃料中雜質（一氧化碳）容易毒化觸媒 3. 低溫廢熱多	1. 對於燃料與空氣中的二氧化碳很敏感 2. 電解液管理	1. 貴金屬觸媒成本高 2.功率與電流低 3.啟動時間長	1. 零件高溫熔融問題 2.啟動時間長 3.能量密度低	1. 零件高溫熔融問題 2.啟動時間長

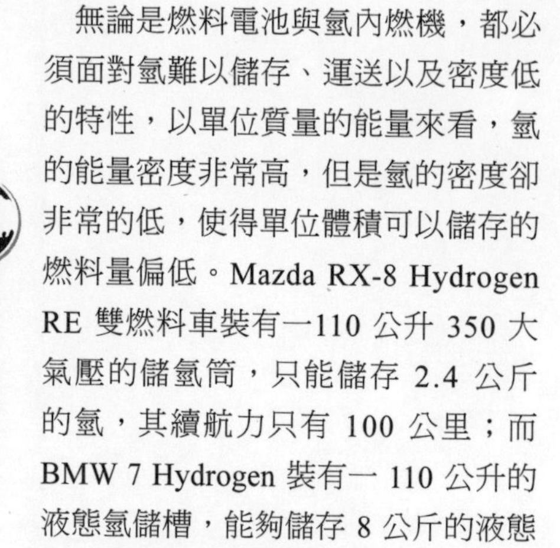

無論是燃料電池與氫內燃機，都必須面對氫難以儲存、運送以及密度低的特性，以單位質量的能量來看，氫的能量密度非常高，但是氫的密度卻非常的低，使得單位體積可以儲存的燃料量偏低。Mazda RX-8 Hydrogen RE 雙燃料車裝有一110 公升 350 大氣壓的儲氫筒，只能儲存 2.4 公斤的氫，其續航力只有 100 公里；而 BMW 7 Hydrogen 裝有一 110 公升的液態氫儲槽，能夠儲存 8 公斤的液態氫，其續航力則只有 200 公里。

新的能源架構不僅僅要考慮到二氧化碳的排放、系統的安全性，更需要考慮到基礎設施的修改成本與人們的接受度。很明顯的，從氫的製備、高安全規格的運送與燃料添加基礎設施、氫在車輛系統上的攜帶、低輸出馬力的內燃機或者高單價且不容許燃料中含有雜質的燃料電池等種種方面來看，氫經濟架構離我們甚遠！

永續碳經濟

1994年諾貝爾化學獎得主暨2005年**普利斯特里獎**（Priestley Medal）得主喬治・安德魯・歐拉（George A. Olah）提出以甲醇為基礎的**新永續碳經濟**（Sustainable Carbon Economy），以甲醇作為**能量的攜帶者**（Energy Carrier），以最少的基礎設施改變來求得無碳排放的最高目的（Olah et al., 2006）。

2007，年 Damm 與 Fedorov 提及分散式系統的二氧化碳補給並再度提到**永續碳經濟**（Sustainable Carbon Economy）的概念（Damm, et al., 2008）。茲將永續碳經濟（甲醇經濟）與氫經濟的能源攜帶者之重要特性比較於中。

根據資料顯示，運用甲醇作為燃料的交通運輸工具將具備許多良好的優點。而各種車輛動力也有所不同。

未來永續碳經濟下的車輛能源使用概念圖

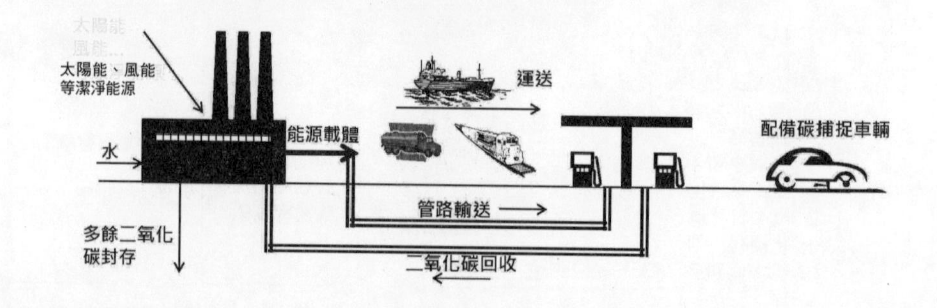

● 能源攜帶者——甲醇與氫之比較

	甲醇	氫
化學式	CH_3OH	H_2
與空氣的當量反應	$2CH_3OH+3(O_2+3.76N_2) \rightarrow 2CO_2+4H_2O+11.28N_2$	$2H_2+O_2+3.76N_2 \rightarrow 2H_2O+3.76N_2$
液態密度（Kg/m3）	791.8	70.8
熔點	-97	-259
沸點	64.7	-253
汽化熱	35.3 kJ/mole	0.45 kJ/mole
目前工業大宗製備方式	水煤氣合成	烴裂解法、蒸氣重組、煉油廠尾氣
運輸/輸送	液灌車/管路壓送	高安全規格之高壓鋼瓶/高壓管路輸送
特性簡述	最簡單的醇類，揮發度高、無色、易燃，甲醇可以在空氣中完全燃燒，並釋出二氧化碳及水	無色無味無臭，極易燃燒和極易爆炸的雙原子的氣體
環境衝擊	1. 對人體具毒性，但在低濃度時毒性較汽油為佳 2. 在空氣與水中容易降解	對生物與環境無毒性
未來潔淨生產方式	1. 二氧化碳、水、太陽能光觸媒重組 2. 生質合成氣合成	1. 潔淨能源電解或熱分解 2. 藻類產氫 3. 細菌發酵產氫 4. 酶反應 5. 生化電解

各種車輛動力之比較

主題	比較項目	完全甲醇內燃引擎動力	傳統內燃引擎	氫內燃引擎動力	氫燃料電池動力	電動車
能源	燃料種類	甲醇	1.一般汽油 2.含氧（醇）汽油 3.柴（含生質）油	氫	氫	電
	燃料充填	迅速方便	迅速方便	迅速方便	迅速方便	速度緩慢
	燃料運輸/管路	油罐車/抗醇腐蝕之傳統管路	油罐車/傳統管路	高壓鋼瓶車/高壓管	高壓鋼瓶車/高壓管	電網
	車上儲筒	鋼製或抗溶劑塑膠製品	鋼製或抗溶劑塑膠製品	1. 高壓鋼瓶 2. 液態氫筒（洩壓疑慮）	1. 高壓鋼瓶 2.液態氫筒（洩壓疑慮）	電瓶
	燃料來源	1.現階段: 煤 2.未來: 二氧化碳搭配再生能源重組	1. 石化工業 2.再生能源/生質燃料	1.現階段: 石化工業 2.未來: 水分解	1.現階段: 石化工業 2.未來: 水分解	電廠發電
	燃料環境衝擊	低	高	無	無	電池污染

主題	比較項目	完全甲醇內燃引擎動力	傳統內燃引擎	氫內燃引擎動力	氫燃料電池動力	電動車
污染排放	NOx	低	高（相較於甲醇內燃引擎）	高（相較於甲醇內燃引擎）	無	車輛無排放而由發電廠排放
	SOx	無	1. 汽油：幾乎無 2. 柴油：少	1. 車輛：無 2. 氫若是由石化工業取得則煉油廠會有少量SOx排放	1. 車輛：無 2.氫若是由石化工業取得則煉油廠會有少量SOx排放	1. 車輛：無 2.發電廠會有SOx排放
	CO	極低	車輛會有較高的CO排放（相較於甲醇內燃引擎）	1. 車輛：無 2. 氫若是由石化工業取得則煉油廠會有CO_2排放	1. 車輛：無 2.氫若是由石化工業取得則煉油廠會有CO排放	1. 車輛：無 2.發電廠會有CO排放
	UHC	極低	車輛會有較高的UHC與各種揮發性有機化合物排放（相較於甲醇內燃引擎）	1. 車輛：無 2. 氫若是由石化工業取得則煉油廠會有UHC排放	1. 車輛：無 2.氫若是由石化工業取得，則煉油廠會有CO 排放	1. 車輛：無 2.發電廠會有UHC排放
	Soot	極低	1. 汽油內燃引擎：少 2. 柴油內燃引擎有較多的soot產生	1. 車輛：無 2.氫若是由石化工業取得則煉油廠會有soot排放	1. 車輛：無 2.氫若是由石化工業取得則煉油廠會有soot排放	1. 車輛：無 2.發電廠會有soot排放
	CO_2	1.燃料碳氫筆甚低 2.搭配車上型捕集系統可以確保90%以上二氧化碳被捕集	汽油碳氫比高（與甲醇比較）	1. 車輛：無 2.氫若是由石化工業取得則煉油廠會有CO_2排放	1. 車輛：無 2.氫若是由石化工業取得則煉油廠會有CO_2排放	1. 車輛： 無 2.發電廠會有CO_2排放
駕駛樂趣		與汽油內燃引擎相仿，但是因燃料熱值較低的因素，所以功 率與扭力較低	比較標的	功率與扭力均低	較差	較差

本章小結

在本章中傳達了環境保護的目的以及永續的概念，本章討論了各種層面與主題的永續，其目的在於教導讀者認識環境保護以及永續發展的重要性，期能讓我們的子孫擁有與我們一樣的生存環境、潔淨的水，清新的空氣與充足的食物，並且在經濟與社會文明均能獲得成長。

問答題

1. 何謂永續？
2. 討論能源攜帶者的觀念，並且比較氫與甲醇這兩種不同能源攜帶者的特性及其優缺點。
3. 何謂永續碳經濟，永續碳經濟對於人類文明的重要性為何?

衍生閱讀與參考資料

2013 Key World Energy Statistics, International Energy Agency.

Bartok, W., Engleman, V. S., Goldstein, R., and del Valle, E. G., 1972 "Basic Kinetic Studies and Modeling of Nitrogen Oxide Formation in Combustion Progresses," *AICHE Symposium*, Ser. 126, 68:30-38.

Baker, T. J., Tyler, C. R. Galloway, T. S. 2014, Impacts of metal and metal oxide nanoparticles on marine organisms, *Environmental Pollution*, 186:257-271.

Blum,P., Sagner, A., Tiehm,A., Martus, P., Wendel,T., Grathwohl, P.2011, Importance of heterocylic aromatic compounds in monitored natural attenuation for coal tar contaminated aquifers: A review, *Journal of Contaminant Hydrology*, 126(3-4): 181-194.

Bowman, C. T., 1992 "Control of Combustion-Generated Nitrogen Oxide Emissions: Technology Driven by Regulation," *Proceeding of the Combustion Institute*, 24:859-878.

David L. Damm, Andrei G. Fedorov 2008 "Conceptual study of distributed CO_2 capture and the sustainable carbon economy, *Energy Conversion & Management*, vol. 49, pp. 1674-1683.

El-Sharkawi, Mohamed A. 2005, *Electric energy*, CRC Press.: 87–88. ISBN: 9780849330780

Friedman, Richard A. 2007, Brought on by Darkness, Disorder Needs Light. *New York Times*'.

George A. Olah, Alain Goeppert, and G. K. Surya Prakash, 2006, Beyond Oil and Gas: The Methanol Economy, Wiley-Vch Verlag GmbH & Co. KGaA, Weinheim.

Goldstein, M. 2008, Carbon monoxide poisoning, *Journal of Emergency Nursing: JEN: Official Publication of the Emergency Department Nurses Association* 34(6):538-542.

Hanse, J., Sato, M., Ruedy, R., Lo, K., Lea, D. W., Medlna-Ellzade, M. 2006, Global temperature change, *Proceedings of the National Academy of Sciences of the United States of America*, 103(39) 14288-14293.

Hansen, J., R. Ruedy, M. Sato, and K. Lo, 2010: Global surface temperature change. Rev. Geophys., 48, RG4004

Hayhurst, A. N. and Vince, I. M., 1980 "Nitric Oxide Formation from N_2 in Flame: The Importance of 'prompt' NO," *Progress of Energy Combustion Science*, 6:35-51.

Irfan, M. F., Usman, M. R., Kusakabe, K. 2011, Coal gasification in CO_2 atmosphere and its kinetics since 1948: A brief review, *Energy*, 36(1):12-40.

James, S. R. 1989, Homind Use of Fire in the Lower and Middle Plesitocene: A Review of the Evidence, *Current Anthropology*, 30(1):1-26.

Kopp, G, Lean, J. L. 2011,A new, lower value of total solar irradiance: Evidence and climate significance, *Geophysical Research Letters*, 38: L1706.

Li, D., Li, Z.,Li, W., Liu, Q., Feng, Z., Fan, Z. 2013, Hydrotreating of low temperature coal tar to produce clean liquid fuels, Journal of *Analytical and Applied Pyrolysis*, 100:245-252.

Managing Water under Uncertainty and Risk 2012, *The United Nations World Water Development Report 4*, volume 1.

Miller, J. A. and Bowman, C. T., 1989, "Mechanism and Modeling of Nitrogen Chemistry in Combustion," *Progress of Energy and Combustion Science,* 15:287-338.

Morrice, E., Colagiuri, R. 2013, Coal mining, social injustice and health: A universal conflict of power and priorities, *Health & Place*, 19:74-79.

Nielsen, Forrest H. 1999, *Ultratrace Minerals*, Baltimore : Williams & Wilkins, 283-303.

Pavlova, S., Sazonova, N., Sadykov, V., Pokrovskaya, S. Kuzmin, V., Alikina G., Lukashevich, A. Gubanova, E. 2005, Partial oxidation of methane to synthesis gas over corundum supported mixed oxides: one channel studied, *Catalysis Today*, 105:367-371.

Park, Ji Chan, Roh, Nam Sun, Chun Dong Hyun, Jung, Heon, Yang, Jung-II 2014, Cobalt catalyst coated metallic foam and heat-exchanger type reactor for Fischer–Tropsch synthesis, *Fuel Processing Technology*, 119:60-66.

Progress in Drinking-water and Sanitation: special focus on sanitation, MDG Assessment Report 2008 (WHO/UNICEF Joint Monitoring Programme for Water Supply and Sanitation). 17 July 2008. p. 25.

Radiation Exposure and Contamination. *Merck Manuals*. June 2013.

Steven, P. 2012, The 'Shale Gas Revolution': Developments and Changes, *Chatham House Aug*.

Struttmann, T., Scheerer, A., Prince, T. S., Goldstein, L. A. 1998, Unintentional carbon monoxide poisoning from an unlikely source,*The Journal of the American Board of Family Practice* 11(6): 481-484.

The 2007 Recommendations of the International Commission on Radiological Protection, *Annals of the ICRP*. ICRP publication 103 37 (2–4). 2007.

Turcotte, D. L.; Schubert, G. 2002, Geodynamics (2 ed.), Cambridge, England, UK: Cambridge University Press, pp. 136–137,

United Nations Scientific Committee on the Effects of Atomic Radiation UNSCEAR 2008 Report to the General Assembly, with scientific annexes Volume I: Report to the General Assembly, Scientific Annexes A and B 2011.

Watanabe N. 28 Mar. 2009, Excavation in Turkey set to rewrite history of iron age, *The Asahi Shimbun*, Japan.

West, J. B. 1995, *Respiratory Physiology -the Essentials*, 5th Ed. Williams & Wilkins, p. 76.

Williams, D. R. 2013, Sun Fact Sheet, NASA Goddard Space Flight Center.

Zeldovich, J., 1946 "The Oxidation of Nitrogen in Combustion and Explosions," *Acta Physicochimica USSR*, 21(4):577-628.

中華民國行政院原子能委員會，http://www.aec.gov.tw/

中華民國行政院環保署，http://www.epa.gov.tw

中華民國行政院環保署，蒙特婁議定書列管化學物質管理辦法。

中華民國行政院環保署，環境賀爾蒙管理計畫。

中華民國行政院農業委員會，http://www.coa.gov.tw

中華民國 101 年 5 月 14日行政院環境保護署環署空字第1010038913號令。

台灣大百科全書，http://taiwanpedia.culture.tw

全球風能協會，http://www.gwec.net

國際行動十年，生命之水，2005-2015，聯合國經濟和社會事務部
http://www.un.org/zh/waterforlifedecade/。

張光直，1983，中國青銅時代，聯經出版。

美國能源總署， http://www.eia.gov

美國商業部，http://www.commerce.gov

國際能源總署，http://www.iea.org

國際熱核融合實驗反應爐，http://www.iter.org

勞倫斯利福摩爾國家實驗室，http://www.llnl.gov

聯合國氣候變化綱要公約，http://unfccc.int/2860.php

陳清江、黃景鐘、葉錦勳，2001，"台灣地區背景輻射介紹," 物理雙月刊, 23(3):433-441.

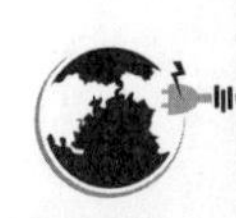

國家圖書館出版品預行編目資料

圖解能源與環境／吳志勇、楊授印編著.
--初版.-- 臺北市：五南, 2015.12
面； 公分
ISBN 978-957-11-8416-6（平裝）
1.能源 2.環境保護
400.15 104025261

5E61

圖解能源與環境

作 者 — 吳志勇(56.8)、楊授印
發行人 — 楊榮川
總編輯 — 王翠華
主 編 — 王者香
文字編輯 — 林秋芬
封面設計 — 王正洪
出版者 — 五南圖書出版股份有限公司
地 址：106台北市大安區和平東路二段339號4樓
電 話：(02)2705-5066 傳 真：(02)2706-6100
網 址：http://www.wunan.com.tw
電子郵件：wunan@wunan.com.tw
劃撥帳號：01068953
戶 名：五南圖書出版股份有限公司
法律顧問 林勝安律師事務所 林勝安律師
出版日期 2015年12月初版一刷
2016年 8 月初版二刷
定 價 新臺幣250元

凝煉知識品味閱讀